G. MASSIOT & R. BIQUARD

Manuel Pratique

du

Manipulateur Radiologiste

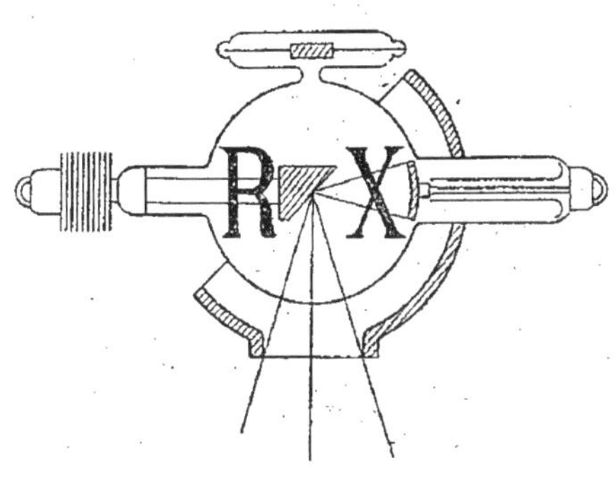

PARIS

A. MALOINE & FILS, ÉDITEURS

27, RUE DE L'ÉCOLE-DE-MÉDECINE, 27

1917

MANUEL PRATIQUE

DU

MANIPULATEUR RADIOLOGISTE

MANUEL PRATIQUE

DU

MANIPULATEUR RADIOLOGISTE

PAR

G. MASSIOT ET **R. BIQUARD**

Ingénieur - Constructeur.

Licencié ès sciences.

144 FIGURES

A. MALOINE ET FILS, ÉDITEURS

27, RUE DE L'ÉCOLE-DE-MÉDECINE, 27

PARIS 1917

PRÉFACE DE LA PREMIÈRE ÉDITION

Nous aurons assisté à la lutte la plus gigantesque qui se soit livrée entre des peuples dont le génie inventif a su asservir tous les éléments pour y déchaîner la guerre.

De quelque côté que se porte notre attention, dans les airs, sur terre ou sous terre, sur mer et sous les océans même, des monstres nés des découvertes modernes sèment partout le triomphe, la mort ou la désolation.

Et puisque, des merveilles de la science, les combattants ont fait sortir ces engins formidables de destruction, n'était-il pas rationnel que les non-combattants, chargés d'adoucir les souffrances de ces vaillants, appellent aussi à leur aide toutes les découvertes capables d'améliorer leurs moyens d'action et de guérison?

La Radiologie est un exemple des applications scientifiques dont les chirurgiens de guerre ont fait amplement usage pour faciliter leur lourde tâche. Avant la guerre, on était en droit de se demander si ce mode d'investigation pouvait rendre de réels services, en raison même de la complexité déjà si grande du fonc-

tionnement des formations sanitaires. Dix mois de campagne en ont fait la preuve éclatante et c'est pourquoi nous faisons prévoir que l'emploi de la Radiologie se généralisera encore davantage.

Nous avons donc pensé qu'un Manuel, aussi simple et aussi concis que possible, serait de quelque utilité pour les nombreux expérimentateurs appelés à assurer le fonctionnement d'un laboratoire radiologique où la variété de l'appareillage découle de l'évolution et des perfectionnements incessants apportés dans ces dernières années.

Dès le temps de paix, tous les spécialistes s'étaient à juste titre inquiétés des formes sous lesquelles la radiographie s'adapterait le mieux au Service de Santé d'une armée en campagne.

Guidé par les conseils éclairés des sommités médicales telles que M. le médecin inspecteur Mignon, M. le médecin principal Busquet, ainsi que de nombreux professeurs du Val-de-Grâce qui connaissaient à la fois les besoins et les rouages d'une administration complexe, convaincu moi-même du rôle important que la Radiologie devait remplir pour la recherche des projectiles, l'étude et l'évolution des lésions osseuses, j'avais conçu et exécuté une voiture automobile radiologique que je m'étais représentée comme le matériel idéal devant coopérer aux opérations chirurgicales pratiquées dans les ambulances de l'avant.

De nombreuses revues médicales et scientifiques ont donné la description de cet organisme que M. le docteur Guilleminot avait bien voulu présenter en divers congrès. Encouragé par une bienveillante approbation, j'avais même sollicité l'autorisation de suivre les ma-

nœuvres, désirant sanctionner par l'expérience l'intérêt de ma conception.

J'avais obtenu satisfaction du Ministère lorsque les circonstances en décidèrent autrement ; la guerre était déclarée quelques jours après ma démarche ; aussi, ce ne fut pas à de simples expériences que je fus convié, mais bien pour conduire mon auto-laboratoire pendant la campagne, réelle, cette fois.

C'est ainsi que j'assure depuis le début des hostilités, d'abord dans l'Est, puis dans le Nord, le service radiographique des ambulances de l'avant avec le même matériel.

Le hasard des circonstances m'ayant donné comme compagnon de route un physicien, mon ami Biquard du Laboratoire d'Essais des Arts et Métiers, nous avons occupé les soirées de repos d'un long hivernage, en consignant en ce manuel les éléments d'une Radiologie purement expérimentale. Nous n'avons nullement la prétention d'avoir écrit un ouvrage classique ; ceux-ci d'ailleurs ne manquent pas et les circonstances mêmes nous auraient empêchés d'apporter à notre œuvre toute la précision et toute la documentation désirables.

Au cours de nos nombreuses randonnées, les difficultés du moment nous ont conduits à suppléer au manque de ressources d'un laboratoire fixe, par l'ingéniosité de procédés de fortune, qui nous ont souvent fort bien réussi. Nous avons aussi constaté qu'une panne, même insignifiante, compromettrait parfois tout le fonctionnement d'un appareillage, si perfectionné soit-il. Nous avons donc jugé qu'il était préférable à tous les radiographes de connaître ce que les livres classiques ne leur disent généralement pas, les tours de mains,

les trucs, la « cuisine » même, oserais-je dire, qui
font qu'un matériel fonctionne ou ne fonctionne pas ;
dans cette intention, nous avons passé en revue les divers procédés actuellement employés et les principes
sur lesquels repose le fonctionnement des installations
de quelque nature qu'elles soient.

Nous ne pouvons terminer cette préface sans remer-
cier M. le docteur Dechambre, que nous nous plaisons
à apprécier comme praticien et comme chef de notre
formation qu'il dirige depuis près d'une année avec
une réelle bienveillance, des conseils éclairés qu'il nous
a prodigués en maintes circonstances.

Nous espérons enfin que ce petit manuel viendra à
son heure apporter sa modeste contribution aux progrès de la Radiologie de guerre.

G. MASSIOT,

Manipulateur radiographe Nᵉ Armée, Nord 1915.

PRÉFACE DE LA SECONDE ÉDITION

La première édition de cet ouvrage a été rédigée pendant notre séjour au Service radiologique automobile de la Nᵉ Armée dans le but de faire connaître rapidement et sommairement la technique radiographique et radioscopique à ceux que les circonstances actuelles amenaient d'une façon souvent imprévue à pratiquer l'usage des rayons X.

En toute franchise, lorsque nous conçûmes le projet d'en écrire le manuscrit, nous ne nous doutions pas que quelques mois plus tard, notre éditeur nous demanderait de reviser notre premier travail en vue d'une seconde édition.

Nous en éprouvons d'ailleurs quelque satisfaction, car c'est pour nous la preuve que notre ouvrage n'a pas été tout à fait inutile.

Le Service radiologique, qui n'existait pas à la mobilisation, a pris, depuis un an surtout, une importance sans cesse croissante ; le nombre d'équipages automobiles et de postes fixes a augmenté dans des proportions imprévues.

Les matériels radiologiques constitués souvent avec des éléments de fortune ont été très divers, et l'évolution qu'ils ont subie n'a pas été une circonstance favorable à leur unification.

Le radiographe se trouve donc généralement en présence d'un matériel dont il lui sera difficile de connaître l'origine et les conditions particulières de fonctionnement. Nous avons tenté dans cet ouvrage de faire qu'il puisse se reconnaître parmi les combinaisons savantes de ces mystérieuses boîtes bardées de bornes et de commutateurs dont les constructeurs gardent jalousement le secret. Des schémas de montage aussi clairs que possible illustrent le texte.

D'autre part, une autre conséquence de l'évolution rapide de la Radiologie de guerre, comme aussi de la diversité des conditions dans lesquelles travaillent les radiographes, est que souvent ils sont appelés à faire fonctionner ensemble des éléments d'installations provenant de constructeurs différents ou simplement représentant des types variés d'installations d'un même constructeur.

Il leur sera indispensable, dans ce cas, d'avoir les notions fondamentales d'électricité qui leur permettront de ne pas faire d'assemblages d'où résulteraient d'irrémédiables détériorations de matériel et parfois de dangereux accidents personnels.

Depuis la première édition de cet ouvrage, un certain nombre d'innovations ont été faites dans la pratique radiologique.

Au point de vue instrumental, la seule nouveauté importante est l'ampoule Coolidge, que nous décrivons sommairement, bien que son emploi ne puisse encore

pénétrer dans les laboratoires plus ou moins impro-
visés du temps de guerre.

*La construction des voitures radiologiques continue
à être un problème très discuté. Peut-être, le louable
souci d'unification des modèles n'a-t-il pas fait assez
de place à la nécessité d'approprier le type de voiture
aux conditions particulières et variées dans lesquelles
elle doit fonctionner.*

*Nous avons, en tous cas, essayé de faire un exposé des
divers modèles existants, d'en critiquer au besoin l'aménagement pour arriver s'il est possible à des déductions
pratiques qui contribueront peut-être à améliorer le
service, si bien organisé puisse-t-il être.*

*Au point de vue appareillage, on a publié un nombre
de procédés et d'appareils de localisation tellement
considérable que, pour ne pas en oublier, nous nous
sommes bornés, après en avoir énoncé le principe général, à n'en citer qu'un, le « nôtre ». C'est peut-être là,
la seule excuse que nous trouvions pour en avoir donné
une description si complète, car il n'est certainement
ni supérieur, ni inférieur à tous ceux existants. Une
connaissance plus complète de la question, jointe à une
pratique assez longue, nous a fait trouver quelques perfectionnements, la simplification a été notre seul guide
et c'est peut-être le seul mérite que nous ayons eu.*

*Enfin, des résultats intéressants ont été obtenus par
les procédés de recherche de projectiles autres que la
Radiologie (sondes, électro-vibreurs, etc.). Nous en avons
fait l'objet d'un court chapitre.*

*En résumé, écartant de notre texte toute description
compliquée, bannissant toute formule qui eût nécessité
de rappeler les souvenirs trop lointains d'études scien-*

tifiques, en des temps et des lieux où l'esprit est ailleurs, nous avons encore voulu donner, dans cette seconde édition, les moyens pratiques d'obtenir un fonctionnement normal de tous les appareils radiologiques en général, après en avoir expliqué les principes fondamentaux.

Et, si, dans la mesure de nos faibles moyens, nous avons pu, par ces quelques conseils, contribuer à améliorer le rendement des installations existantes, dans l'intérêt suprême des blessés, ce sera pour nous l'encouragement auquel nous attacherons le plus grand prix.

R. BIQUARD et G. MASSIOT.

MANUEL PRATIQUE

DU

MANIPULATEUR RADIOLOGISTE

CHAPITRE PREMIER

PRINCIPES FONDAMENTAUX
DE LA RADIOLOGIE

§ 1. — NATURE ET PROPRIÉTÉS DES RAYONS X.

Origine des rayons X. — Rœntgen a découvert en 1895 que l'ampoule de Crookes, dans laquelle la décharge électrique jaillit entre deux électrodes métalliques au sein d'un gaz à la pression de quelques millionièmes d'atmosphère, est l'origine d'émission d'un rayonnement, doué de propriétés particulières, qui fut dénommé rayonnement X.

On a reconnu par la suite que dans l'ampoule de Crookes primitive, le point de départ de ce rayonnement se trouvait sur l'enceinte même de l'ampoule, et dans la partie opposée à la cathode.

1

On fut ensuite conduit à interposer dans l'ampoule même, entre la cathode et la paroi opposée, des corps métalliques qui devenaient eux-mêmes le centre d'émission des rayons X, suivant un mécanisme que nous étudierons plus loin.

Propriétés fondamentales des rayons X. — Trois propriétés fondamentales des rayons X constituent les bases de la radioscopie et de la radiographie :

1° Ils traversent les corps opaques sous une épaisseur relativement considérable.

2° Ils provoquent lorsqu'ils frappent certaines substances une fluorescence lumineuse de ces substances. C'est ainsi que le platino-cyanure de baryum acquiert une belle luminosité jaune verdâtre d'autant plus brillante que le rayonnement reçu est plus intense, et qui disparaît dès que ce rayonnement cesse. D'autres substances telles que le sulfure de zinc phosphorescent, présentent sous l'action des rayons X une luminescence qui persiste un temps appréciable après que l'action excitatrice a cessé.

3° Ils produisent comme les rayons lumineux, une impression sur des plaques photographiques, impression susceptible d'être révélée par les procédés habituels de développement des clichés. Le mécanisme intra-moléculaire de cette impression n'est cependant pas identique pour les rayons X et les rayons lumineux, puisque ces impressions peuvent mutuellement se détruire (Villard).

Les rayons X ne produisent à l'œil aucune sensation lumineuse appréciable pas plus que ne le font les rayons infra-rouges ou ultra-violets. La lumière jaunâtre émise par les ampoules de Crookes est due à la fluorescence propre du verre sous l'action des rayons issus de la cathode, mais elle n'intervient en aucune façon dans l'action des rayons X.

Perméabilité des différents corps aux rayons X. — La facilité avec laquelle les rayons X traversent les différents corps est très variable suivant leur nature chimique, mais sans rapport avec leur état physique. C'est ainsi qu'à épaisseur égale, le bois et le carton, pourtant opaques à la lumière, sont beaucoup plus facilement traversés par les rayons X, que le cristal, corps peu perméable à cause du plomb qu'il renferme. Une couche de neige a la même perméabilité qu'une couche d'eau de même poids étendue sur une même surface. D'une manière générale, et toutes choses égales d'ailleurs, la perméabilité des corps aux rayons X est fonction uniquement de leur poids atomique, ou du poids atomique de leurs constituants chimiques. Elle est généralement d'autant plus faible que ces poids atomiques sont plus élevés.

L'aluminium (Al $= 27$), les substances organiques des muscles, du sang, composés d'éléments légers (carbone, C $= 12$; hydrogène, H $= 1$; azote, Az $= 14$; oxygène, O $= 16$) avec de faibles proportions de sels minéraux, sont beaucoup plus perméables que les os, riches en phosphore (Ph $= 35$) et en calcium (Ca $= 40$) et surtout que les métaux lourds.

D'autre part, nous verrons plus loin que la puissance de pénétration (dureté) des rayons X dépend aussi du régime de fonctionnement de l'ampoule génératrice.

§ 2. — Formation des images radiographiques.

Le principe de la formation des images radioscopiques ou radiographiques est identique à celui de la formation des ombres portées par la lumière visible.

Interposons un bras, par exemple, entre une am-

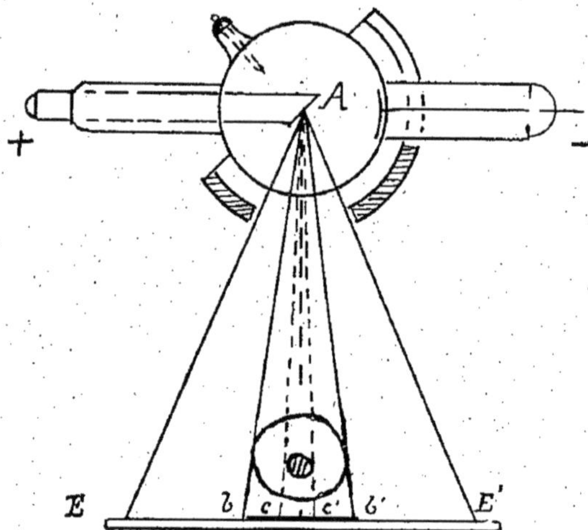

Fig. 1. — Prise d'un cliché radiographique.

poule radiogène et un écran plan enduit d'une couche mince de platino-cyanure de baryum (fig. 1).

Les rayons issus de l'anticathode A rencontrant l'écran EE' produisent sur cet écran une luminosité uniforme sauf dans la région bb' où ils sont partiellement absorbés par le membre interposé qui projettera donc en quelque sorte son ombre sur l'écran. La partie osseuse, ou le projectile s'il y en a, se détacheront sur cette ombre en une ombre encore plus foncée *cc'* puisque le rayonnement qui les aura traversés sera plus affaibli encore.

En résumé, l'écran montre une silhouette du membre, des os et des projectiles comme une ombre chinoise que l'on produirait en éclairant avec une bougie un papier translucide sur lequel les parties musculaires seraient représentées en gris clair, les os et les projectiles en gris foncé. Si nous substituons à l'écran fluorescent une plaque photographique, on verra, après développement, apparaître une silhouette identique, mais dont les teintes seront naturellement inversées ; on aura un cliché négatif. Remarquons en passant que la plaque peut être exposée enveloppée dans un papier noir, opaque à la lumière, mais n'offrant aucun obstacle sensible aux rayons X. La radiographie peut donc toujours être faite en plein jour.

Il n'en est pas de même de la radioscopie (examen sur écran fluorescent) qui doit être toujours pratiquée dans l'obscurité aussi complète que possible, si l'on veut saisir tous les détails de l'image projetée sur l'écran fluorescent. Il importe, en effet, de ne pas troubler l'œil par une lumière parasite.

Nous remarquerons encore que, de même qu'une ombre chinoise devient plus floue lorsque l'écran s'éloigne de la silhouette génératrice, par suite de l'accroissement des pénombres, de même aussi une image radioscopique est d'autant moins nette que l'écran fluorescent est plus loin du membre. On observe aussi qu'un projectile logé dans ce membre sera plus nettement visible s'il est logé dans la partie voisine de la plaque, que s'il se trouve dans la partie éloignée. Il y a donc lieu de placer l'écran fluorescent ou la plaque photographique le plus près possible du corps projeté. Il est évident également que les pénombres seront d'autant plus réduites que la surface constituant l'origine du rayonnement X sera plus ramassée. Nous verrons, au paragraphe suivant, par quels procédés on peut rendre cette surface presque punctiforme.

Enfin, il faut observer que l'écran ou la plaque ne recevant qu'une silhouette des corps interposés, ne permettent pas de discerner par une observation unique la position relative en profondeur des différentes parties, os ou fragments métalliques. Nous consacrerons un chapitre spécial aux procédés permettant de repérer cette profondeur.

§ 3. — L'AMPOULE RADIOGÈNE.

L'ampoule de Crookes, dont on emploie en radiologie un grand nombre de modèles plus ou moins différents, comporte toujours, à part l'ampoule Coolidge dont nous parlerons plus loin (voir p. 108), trois parties essentielles (fig. 2) :

1° Une enceinte de verre de forme sphérique et qui supporte intérieurement les différents organes. Ces organes sont généralement maintenus dans des tubulures de verre soudées à la paroi de l'ampoule et les connexions électriques sont faites, au travers des tubulures et de la paroi, au moyen de conducteurs de platine, seul métal pouvant être soudé au verre d'une façon étanche au gaz.

2° Deux électrodes d'aluminium, l'anode b (pôle +) ayant une forme et une position quelconques, la cathode a (pôle —) ayant la forme d'une calotte sphérique dont le centre de sphère coïncide avec le centre de l'ampoule.

3° Une anticathode c constituée par un petit disque d'un métal lourd (platine, iridium, tungstène) placé

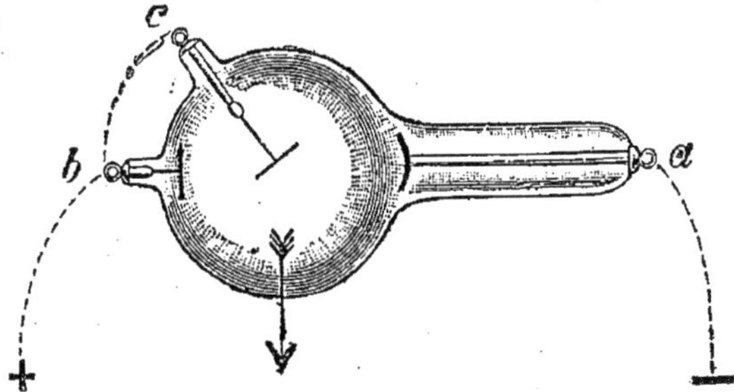

Fig. 2. — Ampoule radiogène.

au centre de l'ampoule et incliné à 45° sur le plan de la cathode. L'anticathode est généralement reliée au même pôle que l'anode, ou même parfois en tient lieu. En outre, elle est munie, dans les ampoules destinées à une marche intensive, de dispositifs permettant de diminuer son échauffement.

Enfin, les ampoules comportent généralement un régénérateur de gaz ayant pour objet de dégager ou de laisser pénétrer dans l'enceinte une petite quantité de gaz, lorsqu'au cours du fonctionnement le vide y devient trop élevé par suite de l'absorption progressive du gaz par les électrodes et le verre.

Après leur construction, les ampoules sont vidées au moyen de trompes ou de pompes à mercure spéciales

qui réduisent la pression intérieure à quelques millionièmes d'atmosphère. En même temps on fait subir
à l'ampoule un traitement assez délicat, la formation,
qui a pour effet de dégager les gaz occlus dans les
électrodes ou à la surface interne du verre, et qui, en
se dégageant ultérieurement, troubleraient la stabilité
du fonctionnement.

La décharge électrique se produisant dans l'ampoule
se traduit par les phénomènes suivants :

Des ions positifs se transportent de l'anode à la
cathode, en même temps que les électrons négatifs
sont projetés hors du voisinage de la cathode, suivant
une trajectoire rectiligne et normale à la surface de
cette cathode, quelle que soit la position de l'anode.
Ces électrons, dont la vitesse est de 1/3 à 1/10 de celle
de la vitesse de la lumière, constituent le faisceau des
rayons cathodiques qui ont donc une existence matérielle et se différencient nettement des rayons lumineux dont la nature est purement vibratoire.

Le faisceau cathodique est concentré, par la forme
même de la cathode concave, au centre de l'ampoule
où il rencontre l'anticathode. Sous l'influence de ce
bombardement, l'anticathode émet au point où con-
verge le faisceau cathodique un rayonnement nouveau, celui-là de nature vibratoire, et que l'on appelle
rayons X ou de Röntgen. Des recherches récentes
ont montré que ce rayonnement vibratoire consiste,
comme la lumière, en vibrations transversales et périodiques de l'éther, mais avec une fréquence dont
l'ordre de grandeur est supérieur de 100 à 1.000 fois
à celui des vibrations lumineuses.

De même que la lumière blanche est composée de

radiations colorées dont la fréquence vibratoire va en croissant du rouge au violet, de même le faisceau de rayons X, issu d'une ampoule, est composé d'un ensemble de radiations de fréquences vibratoires différentes et qui, par ce fait même, sont douées de propriétés différentes, et en particulier d'une inégale puissance de pénétration.

Dans l'ensemble, les rayons X émis par une ampoule sont d'autant plus pénétrants que l'atmosphère de l'ampoule est plus raréfiée, et par suite, que la tension nécessaire à produire la décharge est plus élevée.

En terminant, nous devons signaler que l'emploi des ampoules exige que le courant qui les traverse ait un sens bien défini et invariable.

En effet, si ce sens venait à s'inverser, la disposition géométrique des électrodes et de l'anticathode, grâce à laquelle le bombardement cathodique est concentré en un point d'une surface métallique, n'aurait plus d'efficacité, et l'anticathode devenue cathode projetterait le faisceau cathodique sur l'enceinte de l'ampoule. On perdrait donc la netteté d'images radioscopiques dues à la petitesse de la surface émissive de rayons X. En outre, à un point de vue différent, cette inversion est encore à éviter, car elle a pour effet de changer rapidement le régime de marche des ampoules.

Nous verrons, après la description des types d'ampoules, les procédés employés pour éviter le passage de décharges inverses dans les ampoules (soupapes d'onde).

§ 4. — Le courant électrique. — Principes d'utilisation. — Mesures.

Nous venons de voir que l'on obtient la production des rayons X, en faisant traverser une ampoule à gaz raréfié par des courants à haute tension. Avant d'examiner les principes de l'obtention de ces courants tels qu'on les utilise dans les installations radiologiques, nous croyons utile de rappeler brièvement quelques notions pratiques indispensables, relatives au courant électrique et à l'induction.

Caractéristiques des courants. Voltage. Intensité. Forme. — Un courant électrique circulant dans un conducteur est défini par trois caractéristiques :

1° La différence de potentiel existant entre les deux extrémités du conducteur (en langage abrégé : voltage aux bornes);

2° Son intensité ou débit;

3° Sa forme.

En adoptant la comparaison un peu grossière mais classique d'un conducteur parcouru par un courant avec un tuyau reliant deux réservoirs d'eau placés à des niveaux différents, on peut établir un parallèle entre :

1° La différence de potentiel aux extrémités du conducteur et la différence de niveau entre les deux réservoirs d'eau; 2° l'intensité ou débit du courant électrique et le débit de l'eau dans le tuyau. Plus la différence de potentiel aux extrémités du conducteur s'accroît, plus l'intensité du courant qui passe augmente. Pour un conducteur déterminé, il y a proportionnalité absolue entre ces deux quantités. Si l'on appelle E la différence de potentiel existant entre les deux extrémités du conducteur, I l'intensité du courant qui passe, le rapport $\dfrac{E}{I}$ est constant. La valeur de ce rapport est appelée résistance du conducteur; on la désigne habituellement par la lettre R, et l'équation :

$$\frac{E}{I} = R$$

qu'on peut écrire aussi :

$$E = R\,I$$

ou :

$$I = \frac{E}{R}$$

est connue sous le nom de formule d'Ohm, du nom du savant qui en démontra le premier l'exactitude.

Unités électriques. — La différence de potentiel entre les bornes d'un conducteur, qu'on appelle aussi par abréviation, voltage ou tension aux bornes, se mesure en unités appelées *volts*.

L'intensité se mesure en unités appelées *ampères* et la résistance des conducteurs ou des appareils dans lesquels circule le courant se mesure en *ohms*.

Si nous supposons, par exemple, que l'on mette en communication les bornes d'un appareil dont la résistance est de 20 ohms, avec les pôles d'une distribution à 110 volts, la formule d'Ohm indique que le courant qui passera aura une intensité de :

$$\frac{110}{20} = 5,5 \text{ ampères.}$$

Formes du courant. Courant continu. Courant alternatif. — Il nous reste maintenant à définir ce que l'on entend par forme d'un courant électrique.

Un courant est dit continu lorsque son intensité est la même à tous les instants, et que la polarité des extrémités du conducteur qu'il traverse reste invariable ; c'est, par exemple, le courant que donne une batterie d'accumulateurs.

Un courant est dit alternatif lorsque la polarité des

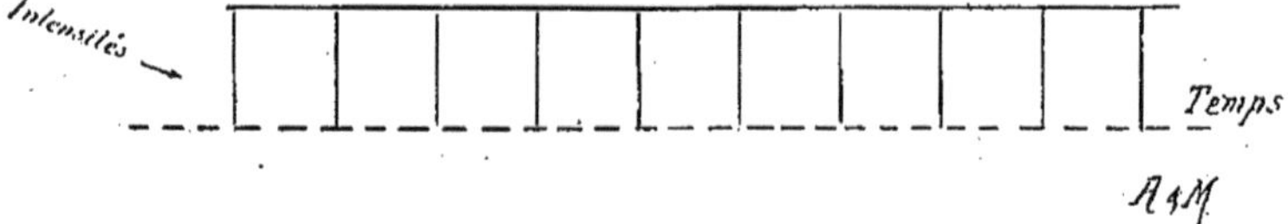

Fig. 3. — Courant continu.

extrémités d'un conducteur qu'il traverse s'alterne périodiquement, l'intensité du courant passant à chaque alternance par une valeur nulle, puis par un maximum égal dans les deux sens.

On peut représenter graphiquement ces deux formes de courant en élevant sur une ligne horizontale, à des intervalles égaux représentant des temps égaux, des perpendiculaires dont la longueur représentera l'intensité du courant à l'époque précise considérée.

En réunissant ces perpendiculaires, on obtiendra, dans le cas du courant continu, une ligne droite (fig. 3), et dans le cas du courant alternatif, une courbe de forme sinusoïdale (fig. 4).

On appelle période d'un courant alternatif le temps qui s'écoule entre le passage d'un maximum M d'intensité au maximum suivant M^2 de même sens. Les usines distribuent du courant alternatif dont la période est généralement comprise entre 1/20 et 1/80 de seconde.

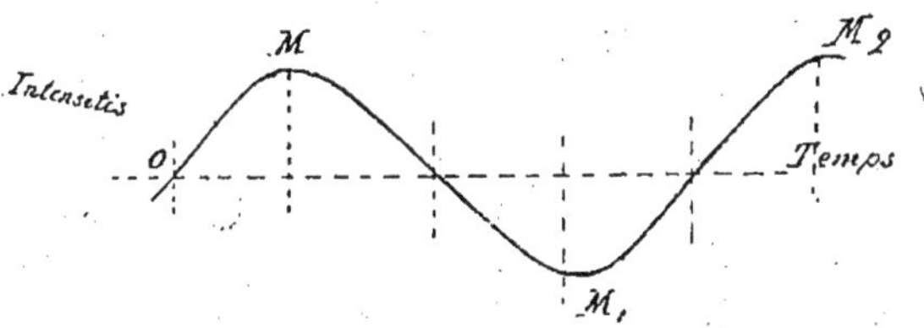

Fig. 4. — Courant alternatif.

On appelle fréquence d'un courant le nombre de périodes par secondes ; elle est, comme on le voit de suite, comprise généralement entre 20 et 80.

On utilise industriellement des courants alternatifs dits polyphasés comportant deux ou trois circuits de même fréquence, mais présentant, les uns, par rapport aux autres, des retards d'une fraction définie de période. Si l'on ne veut avoir recours à des transformateurs spéciaux, on utilisera pour les installations radiographiques un seul des circuits, qui peut être considéré comme un circuit alternatif simple.

Transformation du courant. Principe de l'induction. — La transformation des courants à basse tension (110 à 440 volts) que donnent les batteries d'accumulateurs, les groupes électrogènes, les secteurs, en courant à haute tension (100.000 à 200.000 volts) nécessaire à l'excitation des ampoules, se fait au moyen d'appareils (transformateurs ou bobines d'induction) dont la construction est basée sur une propriété fondamentale des courants, l'induction.

Les phénomènes d'induction utilisés sont soumis aux lois suivantes :

1° Tout courant traversant un conducteur crée au voisinage de ce conducteur un champ magnétique dont l'intensité est fonction de celle du courant et de la nature du milieu ;

2° Tout conducteur au voisinage duquel un champ électrique naît, varie ou disparaît, devient le siège d'une force électromotrice proportionnelle à la longueur du conducteur soumis à l'action de la variation de champ magnétique et à la rapidité avec laquelle ce champ passe d'une valeur définie à une autre valeur définie.

Il faut bien remarquer que cette force électromotrice (tension), est liée à la variation du champ magnétique et disparaît dès que le champ ne varie plus. Il en est de même du courant auquel elle peut donner lieu si le conducteur induit forme un circuit fermé.

Il est facile d'interpréter, en se basant sur la connaissance de ces phénomènes, le mécanisme du fonctionnement des bobines ou transformateurs employés dans les installations radiologiques.

Ces appareils comportent tous, en principe, et quel que soit le courant qui les alimente, deux enroulements conducteurs : l'un, *inducteur* ou primaire, formé d'un petit nombre de spires de gros fil et parcouru par le courant à basse tension ; l'autre, *induit* ou secondaire, formé d'un très grand nombre de spires, et dans lequel naît la tension induite. Un noyau de fer doux placé dans l'axe commun des deux enroulements, augmente sensiblement les effets d'induction en raison de la perméabilité magnétique du fer.

Si l'on alimente l'inducteur de tels appareils avec du courant alternatif, il est facile de voir que le champ magnétique suivra toutes les variations du courant inducteur et qu'il en résultera dans l'enroulement induit des forces électromotrices également alternatives chaque fois que le champ magnétique passera d'un maximum au maximum de sens inverse, c'est-à-dire à chaque demi-période.

Au contraire, si l'on alimente le circuit inducteur avec du courant continu, il n'y aura de courant induit qu'aux moments précis de la rupture ou de l'établissement du courant inducteur, Il y a donc lieu d'adjoindre à l'appareil transformateur de tension, un autre appareil — l'interrupteur — dont le rôle sera d'établir et de couper le courant inducteur avec une fréquence aussi grande que possible.

Nous devons remarquer d'ailleurs que, quelles que soient les qualités de l'interrupteur, l'établissement ou la rupture d'un courant ne sont jamais instantanés.

En effet, au moment de l'établissement du courant inducteur il y a dépense d'énergie par suite de l'établissement du champ magnétique et du courant induit ; le courant inducteur n'atteindra donc son intensité de régime qu'après avoir satisfait à cette dépense. De même au moment de la rupture du courant inducteur, l'énergie accumulée sous forme de champ magnétique se transformera et se dépensera partielle-ment dans cet inducteur en produisant un courant résiduel (extra-courant ou courant de self-induction) qui se manifeste au point où le circuit est coupé par une étincelle de rupture. On diminue pratiquement l'importance de ce courant résiduel en produisant l'ouverture du circuit dans un milieu fortement isolant (interrupteurs dans le gaz d'éclairage), et en réunissant les bornes de l'inducteur à un condensa-teur de grande capacité électrique.

En fait, les temps d'établissement et de cessation d'un courant mécaniquement interrompu sont d'un ordre de grandeur bien inférieur à la durée de la période des courants alternatifs usuels ; de plus, la durée de la rupture est toujours inférieure à la durée de l'établissement du courant inducteur lorsque l'in-terruption est produite mécaniquement.

On conçoit donc que le courant induit lors de la rupture soit d'une durée moins longue, mais d'une tension supérieure au courant induit au moment de l'établissement du primaire.

Si l'on représente graphiquement, comme nous l'avons fait précédemment pour les courants continu et alternatif, la forme des courants inducteur et in-duit d'un appareil producteur de haute tension, ces courants seront représentés :

1° Dans le cas de l'emploi d'un courant inducteur alternatif, par deux sinusoïdes, toutes deux symé-triques par rapport à l'axe représentant le temps,

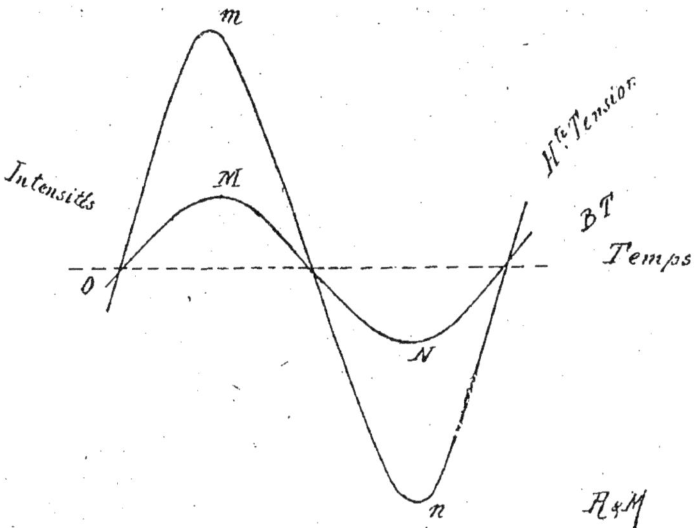

Fig. 5. — Courant inducteur alternatif.

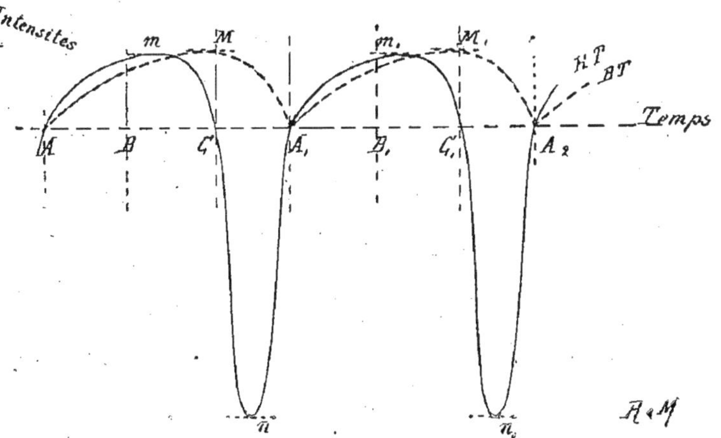

Fig. 6. — Courant inducteur continu interrompu mécaniquement.

puisque les phénomènes se reproduisent identiquement en sens inverse à chaque alternance;

2° Dans le cas de courant inducteur continu, mais interrompu mécaniquement, par des courbes de forme dissymétrique, la courbe du courant induit étant caractérisée par ce fait que ce courant est à plus haute tension à la rupture que le courant induit à la fermeture de l'inducteur.

Remarque : *Courants d'ouverture et de fermeture.* — Pour écarter toute interprétation erronée pouvant résulter de l'assimilation d'un circuit électrique à un courant d'eau, nous croyons utile de préciser ici les appellations de courant d'ouverture et courant de fermeture employées pour définir les phénomènes d'induction qui se développent dans une bobine ou un transformateur.

Par abréviation, on convient d'entendre par courant *d'ouverture*, le courant qui naît dans un circuit induit ou secondaire au moment où on *rompt* le courant qui passe dans le circuit inducteur ou primaire, ou si l'on préfère, au moment où on *ouvre* le circuit primaire.

Et on entend par courant de *fermeture*, le courant qui naît dans un circuit induit (ou secondaire) au moment où on *ferme* le circuit primaire, c'est-à-dire, au moment où on fait passer le courant dans le circuit primaire.

CHAPITRE II

LES SOURCES D'ÉNERGIE A HAUTE TENSION

Nous venons de voir que l'énergie à haute tension nécessaire à alimenter les ampoules est toujours fournie par transformation de courant à basse tension (1).

Le principe de cette transformation est le même quelle que soit la forme du courant primaire utilisé. Néanmoins l'étude pratique des appareils de transformation a conduit à leur donner des formes sensiblement différentes suivant qu'ils fonctionnent avec courant interrompu mécaniquement ou courant alternatif.

Les appareils employés dans le premier cas sont appelés plus spécialement bobines d'induction, et dans le second cas, transformateurs statiques à cause de l'absence d'organe en mouvement.

Nous allons, dans ce qui suit, examiner plus en détail les dispositifs de ces deux genres d'appareils.

(1) *On a abandonné complètement pour la radiographie les machines statiques utilisées au début et qui donnent des débits tout à fait insuffisants.*

§ 1. — Bobines d'induction. — Interrupteurs. Condensateurs.

Polarité. — Nous avons vu que les tubes radiogènes devaient être alimentés par du courant continu à haute tension. Un simple coup d'œil sur la courbe du courant secondaire nous montre que la bobine fournit un courant alterné. Mais, comme le courant induit d'ouverture (1) a une tension infiniment supérieure à celle du courant de fermeture (1), le premier peut traverser des couches d'air infranchissables pour ce dernier; il se crée donc, en définitive, une polarité et un sens invariable dans lequel le courant induit circule.

Quant au courant de fermeture qui pourrait gêner la marche du tube et que les radiologistes désignent sous le nom d' « onde inverse », certains artifices permettent d'en enrayer la marche. Le plus simple réside dans l'emploi des soupapes dont nous étudierons plus loin le fonctionnement (§ 5, chapitre III).

On désigne les pôles de l'induit par le nom de positif (+) ou de négatif (—), comme si le secondaire débitait seulement du courant toujours de même sens. Il est d'ailleurs facile de reconnaître pratiquement le positif en faisant éclater l'étincelle à son maximum de longueur entre deux boules ; sur l'une se remarque un point beaucoup plus brillant que sur l'autre, c'est le pôle négatif.

(1) Voir remarque page 18.

La longueur d'étincelle, mesure par laquelle on
définit couramment les bobines, caractérise seulement
la tension du courant induit d'ouverture aux bornes
du secondaire. Elle n'indique pas la quantité d'électricité véhiculée par l'étincelle. Aussi, quand on apprécie
une bobine, ne doit-on pas tenir compte seulement
de la mesure centimétrique d'étincelle maxima, mais

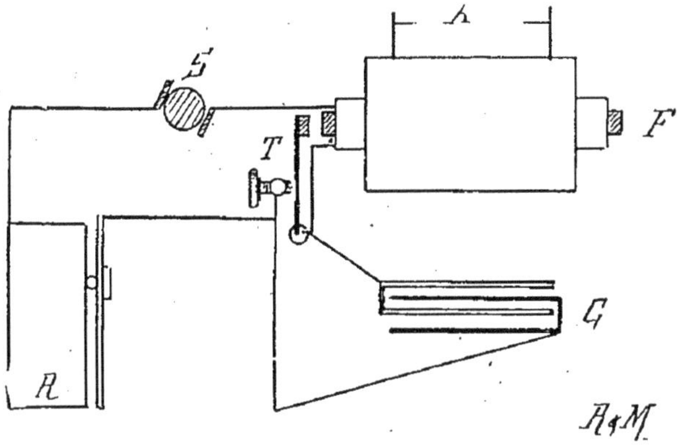

Fig. 7. — Schéma général du circuit d'alimentation d'une bobine.

S, Source de courant; — R, rhéostat de réglage; — T, trembleur ou
interrupteur; — C, condensateur: — A, circuit secondaire.

encore de l'intensité du courant capable de traverser
une ampoule de dureté définie.

Il résulte de la description que nous venons de
donner de la bobine, que le complément indispensable à sa marche réside dans l'emploi d'un appareil,
dit interrupteur, qui rompt et établit périodiquement
le courant dans le primaire.

Primitivement, l'interrupteur était constitué par
une lame métallique vibrante (d'où le nom « trem-

bleur »), portant une masse de fer doux placée en regard du faisceau de la bobine.

Les connexions du circuit primaire étant établies de telle sorte qu'il doive traverser une pointe de platine solidaire de cette lame, dès que le courant s'établit, une attraction brusque de la masse ou marteau, provoque la rupture du circuit à l'endroit de la vis. La lame revient à nouveau en contact avec la vis et provoque ainsi les successions de contacts et de ruptures comme le fait un simple mouvement de sonnerie électrique.

Cependant, ce procédé est devenu par trop primitif, et les intensités qu'il permet de faire passer dans les bobines pour obtenir des effets utiles en radiologie ne répondent plus aux exigences actuelles.

De nombreux types d'interrupteurs ont été imaginés, mais dans la pratique courante des installations radiologiques qui, seules, nous intéressent, deux types seulement retiendront notre attention :

L'interrupteur électrolytique;

L'interrupteur à jet de mercure.

Interrupteur électrolytique. — L'interrupteur électrolytique ou Wehnelt se compose de deux électrodes, plongeant dans un liquide conducteur. L'anode est constituée par un tube isolant, percé à sa partie inférieure et traversé par une tige de platine dont on peut régler la longueur de l'extrémité sortant du tube au moyen d'une vis. La cathode est formée d'une simple lame de plomb.

Lorsqu'on établit le courant, par électrolyse, il se forme une gaine gazeuse isolante autour de la tige de platine; cette gaine offre une résistance au passage du courant, la tige de platine rougit et son contact avec le liquide, donnant lieu à des phénomènes de caléfaction successifs, produit des ouvertures et des fermetures du circuit inducteur.

Cet appareil est d'une extrême simplicité, il ne nécessite l'emploi d'aucun autre appareil accessoire pour actionner une bobine, et permet de combiner

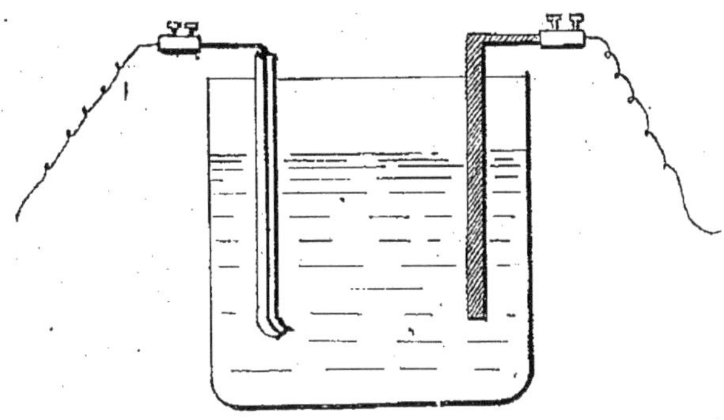

Fig. 8. — Interrupteur électrolytique à anode réglable.

ainsi une installation dans des conditions extrêmement économiques.

Toutefois, le fonctionnement de l'interrupteur électrolytique n'est pas absolument à l'abri de toutes critiques, l'emploi d'un liquide corrosif pour le rendre conducteur présente quelques inconvénients dans une salle de radiographie, la production de vapeurs et la projection de liquide peuvent être autant de causes de détérioration des appareils environnants.

De plus, l'usure de l'anode de platine est assez rapide et devient une cause d'irrégularités dans la marche. Enfin, la température de l'électrolyte est un facteur important.

Dans le branchement des appareils, il est nécessaire de tenir compte de la polarité pour que le pôle positif de la source arrive à l'anode de platine, nous donnons ci-dessous le schéma des connexions d'une installation de ce genre : et nous reviendrons, au chapitre spécial

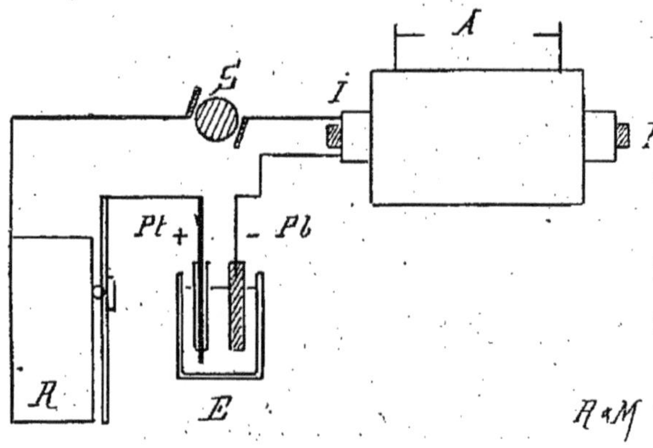

Fig. 9. — Schéma de montage d'une bobine alimentée par interrupteur électrolytique.

des installations, sur l'entretien et les précautions nécessaires.

Interrupteur à jet de mercure. — L'interrupteur à jet de mercure se compose essentiellement d'une pièce métallique conique, traversée par un canal partant du centre de la partie inférieure et débouchant à la périphérie en une sorte d'ajutage.

Cette pièce animée d'un mouvement de rotation au moyen d'un petit moteur électrique à vitesse variable, plonge dans une cuve en fonte contenant du mercure.

Sous l'influence de la force centrifuge, le mercure monte dans le canal pratiqué à travers la pièce conique formant turbine, et se déverse en un jet continu cir-

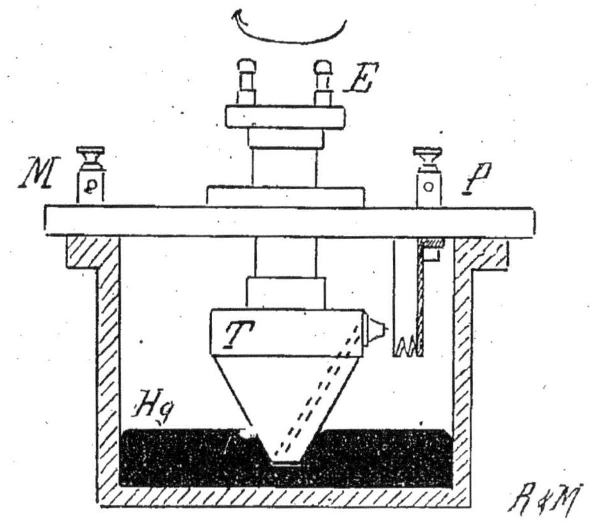

Fig. 10. — Schéma d'un interrupteur turbine.

E, Entraînement; — T, turbine proprement dite; — M, masse en contact avec le mercure; — P, peigne.

culaire qui vient frapper une palette métallique ou peigne, placée sur le parcours du jet de mercure.

Le passage successif du jet de mercure sur la palette établit le courant arrivant d'une part à la masse de l'appareil et, d'autre part, à la palette en passant par l'inducteur de la bobine.

Comme il est possible de multiplier le nombre des palettes placées autour de la turbine, on conçoit qu'avec un tel système, on puisse obtenir un très grand nombre de fermetures et d'ouvertures de courant dans l'unité de temps. D'autre part, comme il est possible de faire tourner plus ou moins vite le moteur qui entraîne la turbine, il est très facile de régler la vitesse des interruptions et des contacts.

Toutefois, en raison du courant de self-induction dû à la rupture du circuit primaire, il se produit une étincelle dite d'extra-courant très intense qui amènerait rapidement la volatilisation du mercure. Le milieu dans lequel se fait la rupture ne tarderait pas à devenir conducteur, ce qui nuirait au bon rendement de l'appareil; il importe donc d'obvier à cet inconvénient. De nombreux procédés ont été employés, on se contenta tout d'abord de verser sur la surface du mercure un liquide isolant tel que le pétrole ou l'alcool; mais le brassage du mercure, mêlé à ces liquides par la rotation rapide de la turbine, ne tardait pas à produire une sorte de bouillie qui bouchait la conduite de mercure et donnait lieu à un fonctionnement tout à fait déplorable.

On a résolu heureusement la question maintenant en rendant parfaitemement étanche l'espace libre compris entre la surface du mercure et le couvercle de la cuve et en remplissant cet espace d'un gaz mauvais conducteur, comme le gaz d'éclairage, ou un hydrocarbure quelconque. Cependant, cette précaution n'est pas encore suffisante.

Nous avons négligé de décrire le rôle du condensateur dans le fonctionnement des bobines d'induction, parce que nous avons voulu, avant d'aborder l'étude des interrupteurs mécaniques, par opposition aux interrupteurs électrolytiques, attirer l'attention sur ce fait que ces interrupteurs électrolytiques ne nécessitent pas l'emploi du condensateur, nous arrivons maintenant à la description de cet organe indispensable dans toute installation avec interrupteur mécanique.

Condensateurs. — L'emploi d'une turbine à mercure nécessite celui d'un condensateur. Appliqué aux

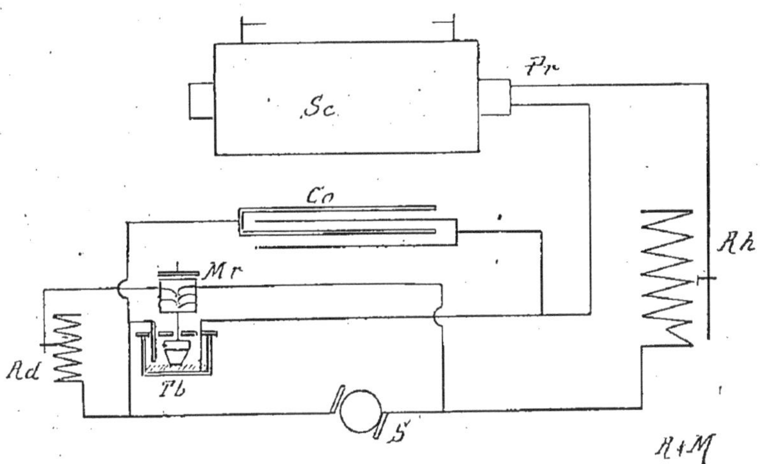

Fig. 11. — Schéma de montage d'une bobine alimentée au moyen d'une turbine à mercure.

Sc. Induit de la bobine; — Pr, inducteur; — S, source d'électricité; — Rh, rhéostat de réglage; — Tb, turbine, et Mr, son moteur alimenté par une dérivation du circuit principal; — Rd, résistance réglant la vitesse de rotation de la turbine; — Co, condensateur.

bobinés d'induction par Fizeau, son but principal est de supprimer presque complètement l'étincelle de self-induction. Au moment où l'interrupteur coupe le circuit, le condensateur se charge en absorbant le courant de self-induction et, le restituant à la fermeture, il renforce le courant primaire durant la phase suivante. Les condensateurs sont constitués par des feuilles d'étain séparées par des papiers paraffinés spéciaux, le tout soumis à une forte pression. Ces feuilles ou groupes de feuilles cloisonnés sont réunis en quantité et connectés avec les deux extrémités du circuit primaire entre lesquelles se produit leur interruption, c'est-à-dire en dérivation sur le circuit de l'interrupteur.

On a reconnu que l'action du condensateur était intimement liée au nombre d'interruptions de la bobine et à la construction même de celle-ci ; aussi, importe-t-il de pouvoir en régler la capacité, pour obtenir les meilleurs effets.

Nous avons supposé jusqu'ici que la source d'énergie d'alimentation était à courant continu.

Nous verrons plus loin que par des artifices de montage ou de construction il est possible d'actionner une bobine sur courant alternatif.

§ 2. — Transformateurs statiques.

Sauf sur quelques points de détail, le transformateur statique, fonctionnant directement sur secteur à courant alternatif sans interrupteur, ressemble à la bobine d'induction. Comme elle, il se compose de deux éléments distincts, un *inducteur* ou primaire, constitué par un enroulement d'un nombre restreint de spires de gros fil ; un *induit* ou secondaire, cons-

titué par un enroulement à fil fin et d'un grand
nombre de spires.

Quoique rien ne s'oppose en principe à ce que le
noyau de fer doux soit formé d'un assemblage de
lames de tôle droites ou de fils de fer réunis en faisceau, des considérations de rendement ont fait adopter

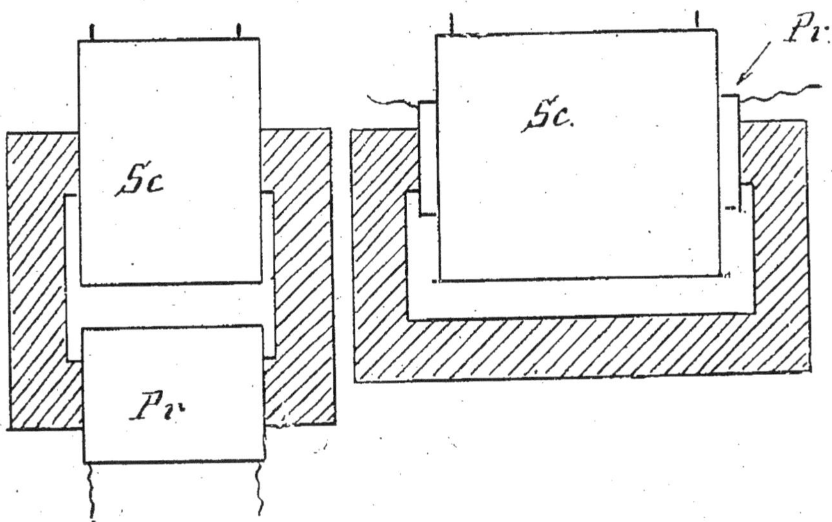

Fig. 12. — Dispositions du primaire et du secondaire des
deux types courants de transformateurs.

de préférence un noyau constituant un circuit magnétique fermé.

Des variantes résident également dans la disposition
relative des deux enroulements. Certains constructeurs
disposent chaque enroulement sur deux branches
parallèles de l'armature. D'autres les disposent concentriquement et sur une même branche (fig. 12).

Comme nous l'avons vu au chapitre premier, le

principe du fonctionnement de cet appareil est extrêmement simple. Lorsqu'on fait passer du courant
alternatif à basse tension dans le primaire d'un transformateur, un courant induit à haute tension prend
naissance dans le circuit secondaire, sous un voltage
correspondant au coefficient de transformation pour
lequel l'appareil a été calculé.

La forme, que le courant de haute tension affecte,
correspond sensiblement à une sinusoïde comparable
à celle du courant initial.

Cependant, comme dans cette disposition il n'y a
pas variation brusque de l'intensité du champ magnétique, il ne peut y avoir non plus supériorité du courant induit d'ouverture sur le courant de fermeture,
mais simplement production d'un courant à haute
tension alternativement positif ou négatif.

Pour obtenir un voltage suffisamment élevé permettant d'*accrocher* (1) tous les tubes, et de les alimenter,
il est nécessaire de prendre un rapport de nombres de
tours, entre l'induit et l'inducteur, plus grand que celui
qui existe entre l'inducteur et l'induit d'une bobine
d'induction ordinaire. C'est par là surtout que se dif-
férencie le transformateur statique de la bobine, entre
autres considérations d'isolement et de section de fer
des armatures qui constituent le circuit magnétique
fermé.

A une phase positive du circuit d'alimentation correspond un courant à haute tension qui passe par un
maximum positif; à une phase négative, correspond

____

(1) Expression employée par les radiologistes et qui veut dire
« amorcer la marche d'un tube ».

également un courant à haute tension qui passe par un maximum négatif de valeur correspondante.

Utilisation du courant. — Or, sous cette forme, le courant produit par un transformateur n'est pas utilisable tel qu'il se présente, puisqu'il est de toute nécessité qu'il circule dans les tubes radiogènes continuellement dans le même sens. Il faut donc avoir recours à des artifices qui permettent d'alimenter ces tubes soit uniquement par des ondes de même signe, positives ou négatives, ou bien encore utiliser les deux ondes dont le sens d'arrivée de l'une d'elles sera redressé. De là un certain nombre de dispositifs dont nous décrirons les plus simples.

Redressement par soupapes. — En assimilant l'une des ondes produites par un transformateur au courant induit inverse fourni par la bobine d'induction, il semblait assez indiqué d'appliquer au transformateur statique, des couplages de soupapes semblables à celles dont nous avons fait mention précédemment pour arrêter l'onde inverse des bobines d'induction. M. le professeur d'Arsonval avait conçu un tel appareillage il y a déjà plusieurs années ; malheureusement, de nombreux inconvénients, provenant surtout de l'instabilité de ces soupapes, firent abandonner ce procédé cependant séduisant.

On n'emploie plus à l'heure actuelle, pour faire le triage ou le redressement des ondes utiles, que le procédé connu plus généralement sous la désignation de « contact tournant ».

Contact tournant. — Pratiquement, le « contact

tournant » est constitué par un système de tiges isolées sur un axe animé d'un mouvement de rotation synchrone de la fréquence du courant primaire.

En regard des tiges, et convenablement calés, des secteurs formant collecteurs servent à établir la communication au moment voulu de la période, de telle façon que le courant d'alimentation du tube le traverse toujours dans le même sens.

Deux types d'appareils dérivent naturellement de cette conception qui consiste : soit à utiliser une des deux phases au moyen d'un commutateur rotatif simple, soit à employer les deux phases au moyen d'un commutateur redresseur rotatif.

A titre d'exemple, nous allons donner la disposition générale des deux types de contact tournant qui servent de base à la construction de tous les modèles actuellement en service.

Commutateur tournant utilisant une phase. — Le modèle le plus simple, celui utilisant une seule phase, comporte un axe horizontal en matière isolante sur lequel se trouve fixée perpendiculairement une tige métallique.

En regard de cette tige et diamétralement opposés, deux arcs de cercle de longueur convenable et formant collecteurs sont reliés d'une part à l'ampoule, et d'autre part à l'un des pôles du transformateur.

L'arbre supportant la tige fait un nombre de révolutions égal à la moitié de la fréquence du courant alternatif qui alimente le transformateur.

En conséquence, à un quart de révolution de l'axe correspond une demi-période du courant; si donc on

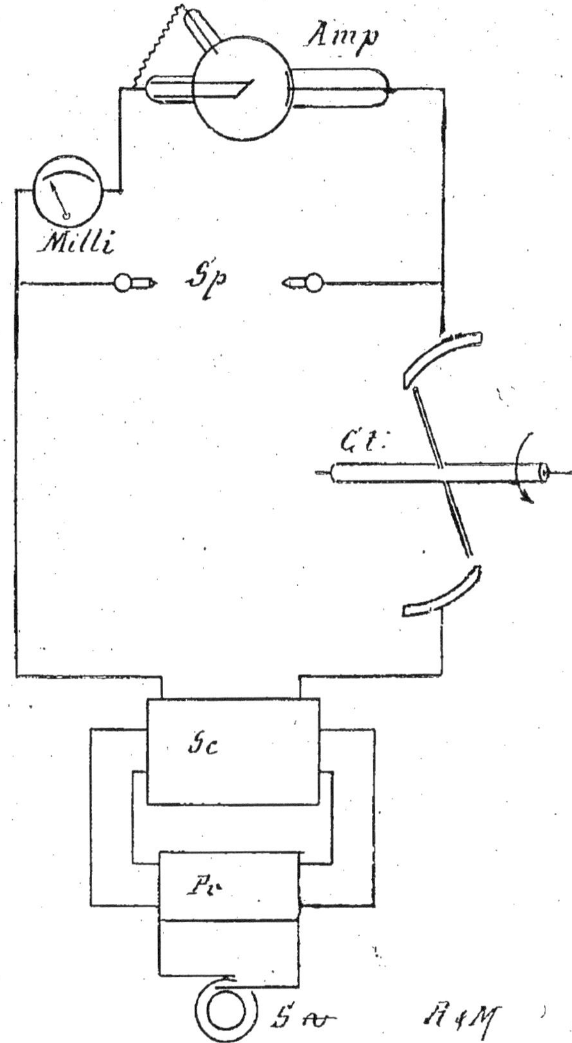

Fig. 13. — Schéma de montage d'un transformateur avec son commutateur tournant.

S, Source de courant alternatif; — Pr, primaire du transformateur; — Sc, secondaire; — Ct, commutateur tournant; — Sp, spintermètre; Mill, milliampèremètre; — Amp, tube radiogène.

a eu soin de disposer les secteurs de façon que le passage de la tige pendant un quart de tour coïncide avec le temps pendant lequel s'établit la phase positive, on

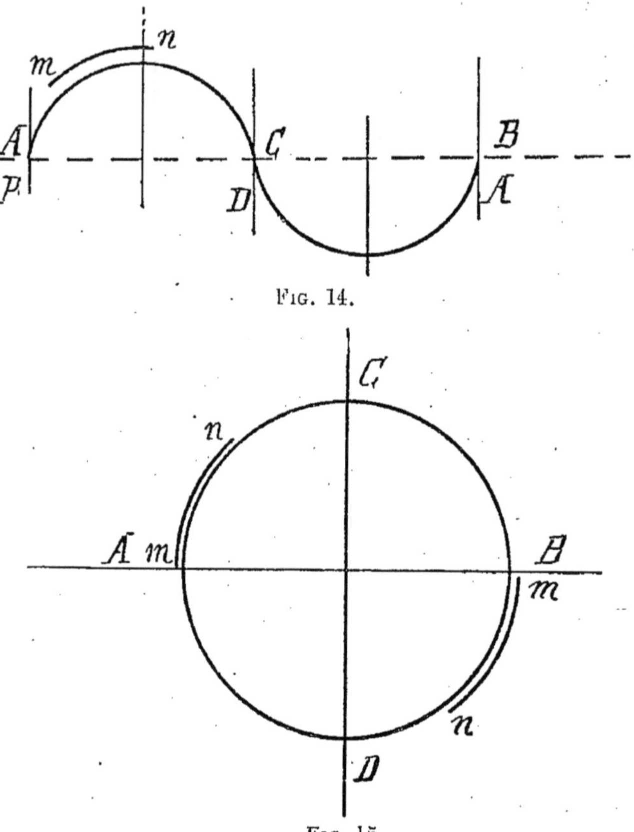

Fig. 14.

Fig. 15.

conçoit que dans le quart de tour suivant, la tige prenant une position perpendiculaire à la position primitive, l'ampoule ne sera alimentée que par des successions de phases de même polarité.

Considérons en effet les figures 14 et 15; pendant l'évolution de la phase *AC* la tige conductrice du commutateur se meut en regard des secteurs et permet le passage du courant pendant la portion de période *mn;* pendant l'accomplissement de la phase *CB* la tige est à 90 degrés par rapport à la position des secteurs, et le courant ne passe pas dans le tube.

On peut ainsi poursuivre le cycle successif des établissements de courant qui s'effectuent périodiquement dans le tube, et l'on verra que celui-ci est toujours alimenté par du courant de même sens.

En raison de la légèreté de ce contact tournant utilisant une seule phase, et de la simplicité des connexions qui ne présentent aucun croisement, on peut animer son axe de rotation au moyen d'un moteur synchrone de faible puissance. Les divers éléments d'un tel système peuvent former un ensemble de dimensions extrêmement réduites.

Redresseur tournant utilisant les deux phases. — De très nombreux dispositifs ont été proposés : les uns tournent autour d'un axe vertical, d'autres autour d'un axe horizontal. Nous nous bornerons à la description sommaire de l'un d'eux.

Un axe vertical, en matière isolante, est muni à l'une des extrémités d'un roulement à billes et à l'autre d'un système d'entraînement relié à l'arbre d'un moteur synchrone. Cet axe porte deux séries de conducteurs fixées à l'extrémité des bras isolants dont une série est directe, et l'autre disposée en croix.

Suivant la circonférence décrite par les extrémités de ce système tournant, et convenablement calés, se trouvent des secteurs métalliques de longueur déter-minée. Les secteurs du bas reçoivent le courant alternatif à haute tension qui sort du transformateur. Les secteurs du haut forment collecteurs et distribuent le courant qu'on utilise dans le tube.

Grâce à la disposition des conducteurs qui établissent la liaison entre les secteurs du haut et ceux du bas, on comprend qu'à chaque inversion de courant du transformateur correspond une position déterminée des bras du système tournant, telle que le courant traverse le tube dans un sens invariable.

En raison du poids même du système redresseur et des distances relatives qu'il est nécessaire de donner aux divers conducteurs, l'appareil est assez volumineux ; il nécessite, pour acquérir et conserver une vitesse de rotation rigoureusement synchrone, un moteur puissant.

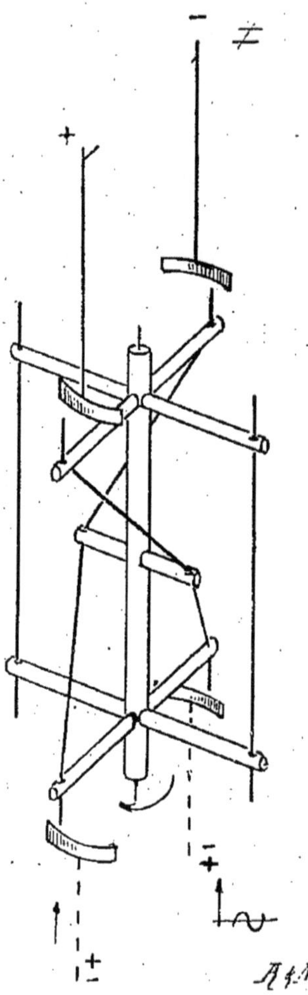

Fig. 16. — Axe et branches de connexion d'un commutateur tournant.

En outre, il est prouvé que l'utilisation des deux

phases du courant alternatif ne conduit pas à un rendement double de celui qu'on obtient en n'employant
qu'une seule phase. Certains auteurs, se basant sur des
conditions d'ionisation du tube et des considérations
de rendement en radiations utiles, considèrent même
que l'emploi des deux phases n'est pas justifié. Nous
ne nous étendrons pas sur cette question qui sortirait
du cadre élémentaire que nous nous sommes imposé,
disons seulement que le contact tournant utilisant
une seule phase, permet d'obtenir des intensités très
largement suffisantes pour toutes les applications de
la radiographie.

§ 3. — MARCHE DES BOBINES SUR COURANT ALTERNATIF.

Nous avons examiné les procédés généraux qui permettent d'obtenir le courant continu à haute tension
nécessaire au fonctionnement des ampoules en utilisant, pour chaque procédé, le courant dont il dérive.

Bien qu'il soit rationnel, lorsqu'il s'agit de procéder
à une installation, d'orienter son choix vers les systèmes qui s'adaptent le mieux à la source d'énergie
dont on dispose, c'est-à-dire de prendre une bobine
d'induction si on dispose de courant continu, ou un
transformateur à contact tournant si on dispose de
courant alternatif, des considérations de prix et de
rendement peuvent forcer à vouloir actionner une
bobine sur alternatif, ou un contact tournant sur
continu; il importe de savoir que cela est toujours
possible et qu'on peut tirer parti d'un courant d'ali-

mentation quelconque pour obtenir le courant nécessaire au fonctionnement d'un tube, en employant
certains procédés spéciaux plus ou moins compliqués.
Ce sont ces procédés que nous nous proposons maintenant d'étudier.

Nous examinerons tout d'abord comment on peut
faire fonctionner sur courant alternatif une bobine
d'induction ou transformateur muni d'un interrupteur.

De même que pour l'utilisation du courant alternatif à haute tension dans les tubes, deux principes
généraux conduisent à employer soit une phase soit
les deux phases, de même l'emploi du courant alternatif à basse tension dans les bobines peut être
pratiqué en utilisant soit une phase, soit les deux
phases.

Sur une phase. — Lorsqu'on ne veut utiliser qu'une
des phases, on emploie un interrupteur à jet de mercure mû par un moteur synchrone et on fait en sorte
que les palettes intérieures ou peignes soient disposées convenablement pour un passage déterminé du
jet de mercure par rapport à la période. Dans ces conditions, on conçoit qu'il s'établisse un contact au
moment où l'une des phases, positive par exemple,
atteint son maximum, et qu'il ne se produise aucun
contact pendant la durée de la phase négative. Le primaire de la bobine ne reçoit donc que des fractions
de courant de même sens, et l'induit fournit du courant à haute tension absolument comme si l'inducteur
était alimenté par du courant continu.

C'est le procédé à la fois le plus simple et le plus
pratique.

Utilisation des deux phases. — Lorsqu'on veut utiliser les deux phases, deux moyens peuvent être em-

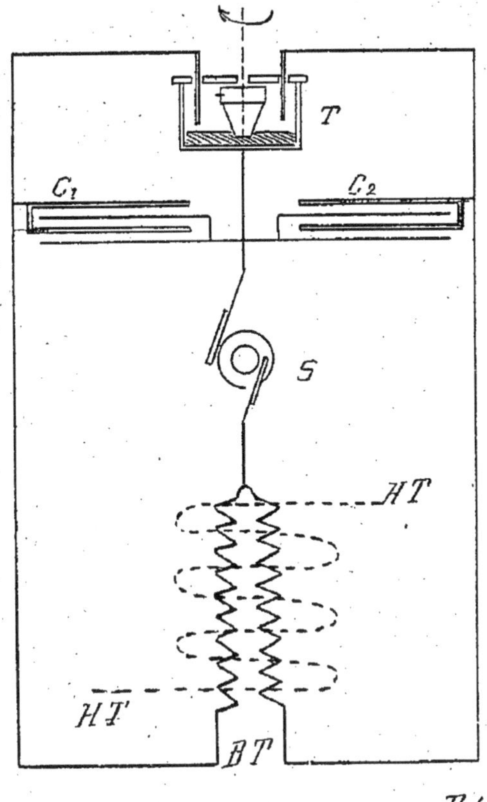

Fig. 17. — Schéma des connexions en employant une bobine à deux inducteurs.

ployés, soit *par bobine à deux inducteurs*, soit *par auto-transformateur.*

La bobine à deux inducteurs est constituée par deux enroulements identiques mais indépendants et roulés en sens contraire, Chacun de ces deux enroulements est alimenté alternativement par deux séries de peignes convenablement calés autour d'une turbine à jet de mercure mue par moteur synchrone.

Comme le montre d'ailleurs clairement le schéma ci-dessous, dans une position déterminée du jet de mercure, le courant passe dans un des inducteurs de la bobine; à la phase suivante, un nouveau contact se produit qui envoie le courant inversé dans le second inducteur dont le sens d'enroulement est convenablement prévu.

Les effets s'ajoutent et, théoriquement, on devrait obtenir un rendement à peu près double. Mais pratiquement, il n'en est pas ainsi, car des complications d'induction mutuelle et de self, qui se produisent d'inducteur à inducteur, troublent la marche, et le rendement ne se trouve que très légèrement amélioré.

En outre, l'appareillage est assez compliqué par l'emploi d'une bobine dont l'enroulement des deux inducteurs est tout à fait spécial, et aussi par la nécessité d'avoir deux séries de condensateurs pour absorber les deux étincelles d'extra-courant qui se développent dans chaque circuit inducteur.

Le procédé de *l'auto-transformateur*, plus simple parce qu'il ne nécessite pas de bobine spéciale, consiste en la mise en circuit d'un appareil supplémentaire dit « auto-transformateur » branché directement sur le courant d'alimentation.

L'auto-transformateur n'est autre qu'une bobine de self, constituée par un enroulement sur la branche d'une armature à circuit magnétique fermé. Vers le milieu de cet enroulement, on a fait une prise de connexion.

En examinant le schéma des connexions correspondant à ce genre de montage, on remarque qu'une telle installation revient à alimenter la bobine par deux circuits séparés d'un voltage inférieur de moitié au voltage initial.

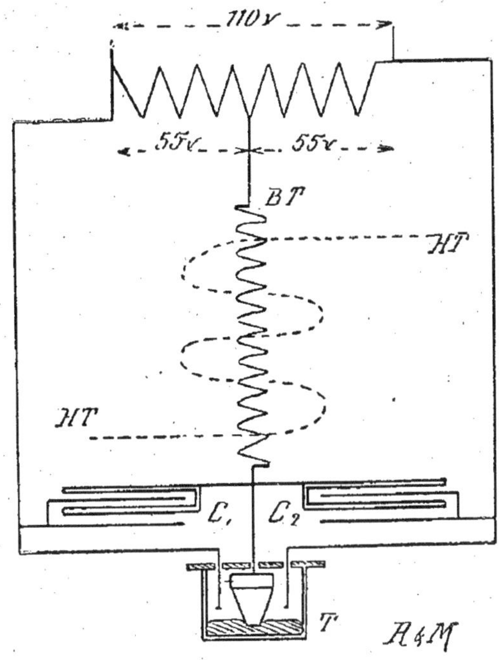

Fig. 18. — Schéma des connexions en employant une bobine ordinaire et un auto-transformateur.

Il serait d'ailleurs possible, si on reconnaissait un inconvénient à ce dispositif, de faire travailler l'auto-transformateur tout d'abord comme survolteur, puis, ensuite, comme dévolteur, pour qu'en définitive, chaque circuit d'alimentation soit à peu près correspon-

dant au voltage initial de la source ; on n'en a pas reconnu la nécessité absolue. Il est bon de remarquer
que cette disposition, telle que la montre le schéma,
permet d'alimenter une bobine dont la construction
ne présente aucun caractère spécial, ce qui est assez
avantageux ; quelle que soit la polarité de la source,
l'inducteur est toujours alimenté par du courant interrompu circulant dans le même sens. L'emploi de deux
condensateurs s'impose.

§ 4. — Contacts tournants sur courant continu.

Reste à examiner comment on peut alimenter un
transformateur à contact tournant sur courant continu. Là encore deux considérations peuvent nous
guider.

La première consiste à transformer le courant continu fourni par le secteur en courant alternatif au
moyen d'un groupe transformateur composé d'un
moteur à courant continu entraînant une génératrice
de courant alternatif ou plus simplement au moyen
d'une commutatrice.

Une commutatrice n'est autre qu'une dynamo dont
l'induit porte sur un côté de l'arbre un collecteur recevant du courant continu et sur l'autre côté deux
bagues sur lesquelles des balais recueillent du courant alternatif ; on se trouve alors dans les conditions de marche d'un contact tournant alimenté directement par courant alternatif.

Toutefois, en raison du courant nécessaire à l'alimentation simultanée du transformateur et du moteur synchrone qui actionne le commutateur tournant, cette commutatrice doit être assez puissante pour que des variations de fréquence ne viennent apporter aucune perturbation dans la marche de l'ensemble. Nous ne pensons donc pas qu'il faille envisager la possibilité d'une telle installation si elle ne devait être que provisoire, comme cela a lieu le plus souvent pour un service de radiologie de guerre.

La seconde conception consiste à substituer au moteur même du redresseur à contact tournant la commutatrice qui sert à la fois à produire le courant et à actionner le contact tournant. La description d'un tel modèle nous conduirait alors à celle des appareils les plus compliqués et les plus volumineux qui ne peuvent trouver place que dans les hôpitaux de premier ordre. Nous ne pensons pas qu'ils puissent se rapporter aux installations faites dans la précipitation du moment.

De plus, on est toujours en droit à l'heure actuelle d'envisager la possibilité d'un déplacement.

Or, il peut parfaitement se produire que l'appareillage ne puisse plus convenir pour la forme de courant qui peut différer avec le lieu.

De tout ce que nous venons de dire, quelle conclusion pratique devons-nous tirer ?

Tout d'abord, étant donnée une source d'énergie électrique quelconque, on peut l'utiliser pour produire du courant continu à haute tension nécessaire au fonctionnement des tubes, et employer, soit une bobine d'induction ou transformateur simple, soit un transformateur statique.

Toutefois, en raison du grand intérêt qu'il y a à rechercher la simplicité dans l'appareillage et à réduire le nombre des organes qui le composent pour en faciliter l'entretien, on choisira de préférence comme générateur de courant à haute tension, la bobine d'induction actionnée par turbine à mercure lorsqu'on dispose de *courant continu* et le transformateur statique à contact tournant lorsqu'on dispose de *courant alternatif*.

CHAPITRE III

LES INSTALLATIONS RADIOGRAPHIQUES

§ 1. — LES APPAREILS ÉLECTRIQUES.

Nous avons passé en revue les procédés généraux qui permettent d'obtenir l'énergie nécessaire à la production des rayons X et nous avons vu que le courant électrique fourni sous une forme quelconque pouvait être utilisé, pourvu qu'il soit assez puissant. Par avance nous excluerons les piles ou les accumulateurs qui fournissent une énergie vraiment trop restreinte pour les besoins actuels, pour ne nous occuper que du courant fourni par les usines électriques ou par les groupes électrogènes.

La forme et la nature du courant fourni par ces secteurs étant essentiellement variables suivant les localités, il importe, avant de faire l'étude d'une installation, de s'entourer de tous les renseignements possibles pour faire un choix judicieux des appareils de jonction entre la prise de courant initiale et l'appareil à rayons X proprement dit.

Courant continu ou courant alternatif. — Il n'est peut-être pas inutile de rappeler ici, comment on peut reconnaître sous quelle forme de courant un tableau de branchement ou une prise se trouvent alimentés lorsqu'aucune indication ne décèle sa nature, ce qui a lieu le plus souvent; nous nous bornerons à indiquer trois procédés simples ne nécessitant aucun appareillage spécial.

Sous la désignation « Papier cherche-pôle, ou Papier Teugidar » il existe un papier d'une composition chimique spéciale ayant la propriété de déceler la présence du pôle négatif par la formation d'une tache rouge à son contact.

Si donc, on approche les deux extrémités libres de conducteurs, reliés à une prise de courant, sur la partie humectée d'un morceau de papier « cherche-pôle » et qu'on constate la formation accusée d'une tache rouge correspondant à une seule des extrémités des conducteurs, on peut en conclure qu'on est en présence de courant continu. Si des taches imprécises se dessinent au bout des deux conducteurs, on conclut à du courant alternatif.

On peut également plonger les extrémités des conducteurs dans un verre d'eau acidulée. Si l'on constate un dégagement gazeux plus abondant vers un pôle que vers l'autre, on a du courant continu. Si l'on constate un faible dégagement à peu près égal aux deux pôles, on a du courant alternatif.

Enfin, une lampe à incandescence étant allumée, si on approche un aimant de la lampe, et qu'on constate que le filament prend de rapides oscillations, on en conclut que le courant d'alimentation est alternatif.

Voltage de la source. — Les secteurs distribuent le courant sous des voltages très variables.

A titre d'indication nous donnons sous forme de tableau les divers systèmes de distributions électriques qu'on rencontre généralement. (Voir tableau ci-contre.)

Les appareils radiographiques sont généralement construits pour être branchés sur du courant distribué à 110 volts, correspondant au voltage le plus couramment employé. Si la tension de la source est supé-

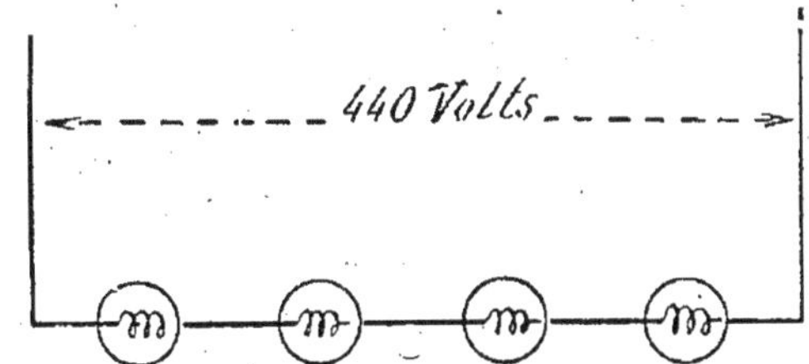

Fig. 20. — 4 lampes de 110 volts montées en série.

rieure, il est nécessaire de la ramener à cette valeur au moyen d'appareils spéciaux connus sous le nom de réducteurs de potentiel ou de résistances.

La constitution même de ces appareils annexes est du domaine du constructeur, toutefois il est indispensable, pour qu'il puisse en calculer judicieusement les éléments, qu'on le renseigne exactement sur le voltage de la source.

Dans la majorité des cas, les renseignements qu'on recueillera sur place, soit en consultant le personnel du secteur, soit en regardant les indications qui sont marquées sur les compteurs ou les tableaux de branchement, suffiront. Il n'est cependant pas inutile, dans le cas où il y aurait un doute, de pouvoir vérifier soi-

Courant Continu

1° 2 fils 110 à 120 volts - 220 à 250 volts

2° 3 fils 2 ponts à 110 volts Paris moteurs
jusqu'à 1 HP 110 volts et au dessous 220 volts

3° 5 fils 4 ponts à 110 volts Paris moteurs
faible puissance 110 volts
moyenne puissance 220 volts
grande puissance 440 volts

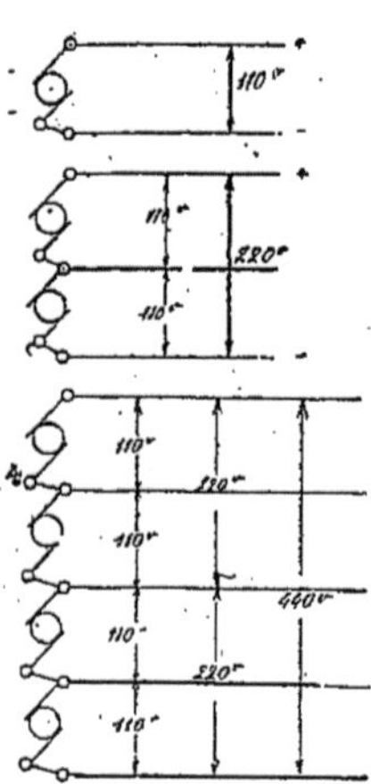

Courant Alternatif

Fréquences 25, 40, 42, 50, 53, 60 périodes par seconde
1°A Monophasé 2 fils 110 volts en général
Paris secteur rive gauche 110 volts 42 périodes
Paris secteur Champs Elysées 110 volts 40 périodes

1°F Monophasé 3 fils comme Continu 3 fils
110 volts par pont 220 volts aux extrêmes
Ouest - Lumière

2°A Triphasé 3 fils en général 110 à 120 volts
entre fils quelquefois 220 volts

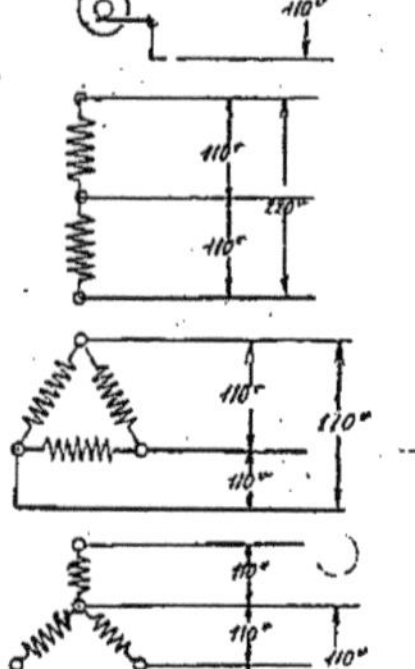

2°B Triphasé 4 fils 110 volts entre neutre et phases
rapport 1,73 fois 110 volts entre phases.
sur 110 volts entre neutre et phases - 190 volts entre phases

3°A Diphasé 4 fils 2 courants décalés de ¼ de période
tension entre fils en général 110 volts quelquefois 220 volts
Les faibles installations emploient 1 phase seulement,
ce qui équivaut au courant alternatif monophasé

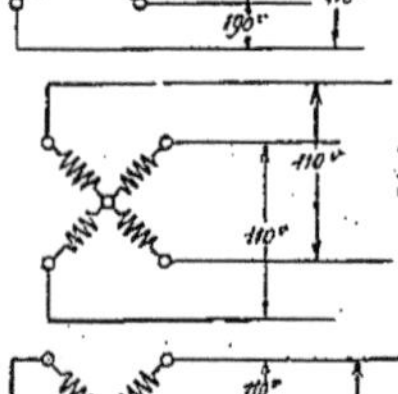

3°B Diphasé 5 fils avec neutre
entre neutre et phases 110 volts
entre phases 220 volts
Paris distributions de la périphérie

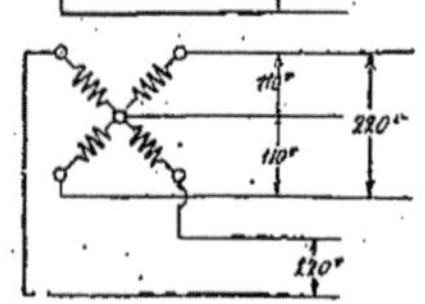

même le voltage à la prise de courant qui alimentera les appareils.

Comme le voltage est le plus souvent un multiple de 110 volts, si l'on ne possède pas de voltmètre, le plus simple consiste à brancher, aux deux fils d'arrivée, des lampes à incandescence de 110 volts, montées en série (4 lampes de 110 volts par exemple), et de constater si elles sont complètement ou incomplètement portées à l'incandescence. Si elles éclairent normalement, c'est que le courant est à 440 volts. Si le filament est seulement porté au rouge, on retirera successivement une, deux ou trois lampes, jusqu'à ce que l'incandescence soit complète ; on déduira facilement le voltage par le nombre de lampes qu'on aura pu laisser dans le circuit. On sera finalement certain de n'avoir que 110 volts si une seule lampe est restée en circuit.

Nous voici donc en mesure de fournir au constructeur toutes les indications qui lui sont nécessaires. Courant continu ou alternatif : dans le premier cas, voltage et intensité disponible ; dans le second cas, voltage et intensité, fréquence et forme (nombre de phases, mono, di, ou triphasé).

Nous entreprendons maintenant l'étude des diverses installations qui peuvent se résumer au tableau ci-dessous :

LOCAL DISPOSANT DE COURANT CONTINU

Bobine d'induction et interrupteur électrolytique
ou
Bobine d'induction, interrupteur mécanique et condensateur.

4

LOCAL DISPOSANT DE COURANT ALTERNATIF

Bobine d'induction et interrupteur synchrone
ou
Transformateur à contact tournant.

LOCAL NE DISPOSANT D'AUCUN COURANT

Production du courant continu soit par groupe électrogène,
s'il s'agit d'une installation semi-fixe ;
Soit par dynamo actionnée par moteur de voiture automobile,
s'il s'agit d'une installation roulante,
Dans l'un ou l'autre cas,
bobine d'induction, interrupteur mécanique et condensateur.

Toute installation, quelle qu'elle soit, doit posséder, outre le réducteur de potentiel qui constitue un organe fixe dans le cas d'une installation sur courant de voltage supérieur à 110 volts, un organe de réglage ou rhéostat, permettant d'envoyer dans le primaire de la bobine ou du transformateur les intensités de courant nécessaires et proportionnées aux effets qu'on veut obtenir dans les tubes.

Les types de rhéostats sont nombreux et leur construction varie suivant les besoins; contentons-nous simplement de dire qu'ils sont constitués d'enroulements ou boudins de fil, de grande résistance au passage du courant (ferro-nickel, maillechort, etc.), de section convenable, reliés en séries et réunis chacun à des plots qui permettent, au moyen d'une manette, d'intercaler tout ou partie de ces éléments dans le circuit d'alimentation.

§ 2. — Installations fixes sur courant continu.

Installation par bobine et interrupteur électrolytique.

Cette installation représente le type simple et économique par excellence ; une source de courant continu à 110 volts permettant de pouvoir débiter 10 à 15 ampères, un rhéostat, un interrupteur Wehnelt, une bobine d'induction et c'est tout.

Toutes les bobines peuvent fonctionner avec l'interrupteur électrolytique ou Wehnelt, il y a cependant intérêt à employer une bobine d'une construction spéciale, caractérisée par un plus grand coefficient de transformation.

Interrupteur. — Comme interrupteur, nous nous bornerons à la description d'un des modèles les plus simples (fig. 22). Un vase de verre mesurant environ 19 centimètres × 17 centimètres à la base et 22 centimètres de hauteur, recouvert au moyen d'une plaque de verre portant des ouvertures pour l'échappement des vapeurs et le passage des électrodes. Une des électrodes est constituée par une tige de platine fixée à l'extrémité d'une vis en métal inattaquable aux acides. La tige traverse un tube de verre effilé à la partie inférieure. Ce tube est lui-même fixé à l'écrou de la vis de réglage au moyen d'un ajutage qui le relie au couvercle.

L'autre électrode se compose d'une lame ou d'un tube de plomb.

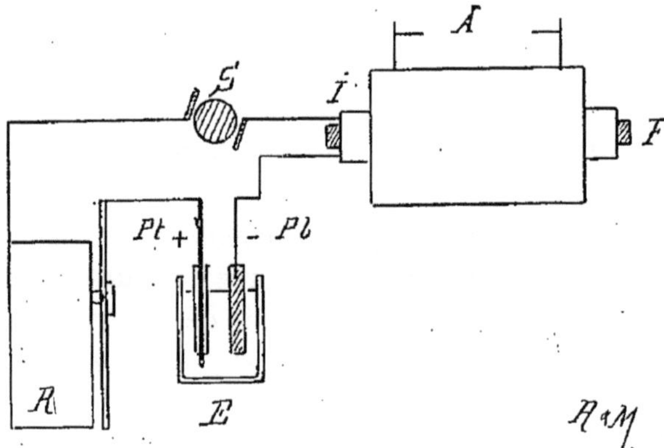

Fig. 21. — Schéma de montage.

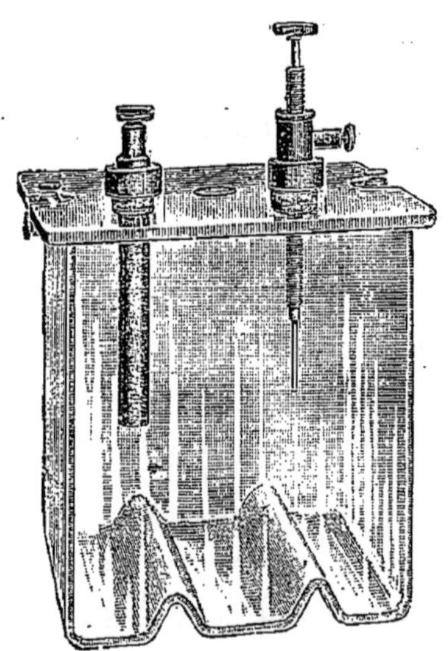

Fig. 22. — Interrupteur électrolytique.

Électrolyte. — De nombreuses discussions se sont élevées pour le choix de l'électrolyte. On peut les limiter à deux produits qui ont chacun leurs partisans.

Le sulfate de magnésie dans la proportion de 20 p. 100 : ce liquide a l'avantage de ne pas être corrosif, de ne pas donner de dégagements acides susceptibles de détériorer les appareils, mais ne permet pas d'atteindre des débits considérables; le rendement de la bobine n'est bon qu'à la condition que le liquide soit suffisamment échauffé par le passage prolongé du courant.

L'eau acidulée à 10 p. 100 (même proportion que pour les accumulateurs) dont les vapeurs sont désagréables, mais qui permet en revanche un rendement supérieur des appareils.

Entretien. — Aucune précaution particulière n'est à signaler dans l'emploi de cet appareil, si ce n'est de renouveler l'électrolyte de temps à autre. Dans le cas de sulfate de magnésie, comme la solution est saturée, il suffit de ramener le niveau du liquide à peu près à moitié de la hauteur du tube de verre de l'anode, quand il s'est abaissé par suite de l'évaporation.

Dans le cas de l'eau acidulée, il est bon de nettoyer l'appareil de temps à autre, et de remplacer le liquide.

Précaution. — Il peut se faire qu'en cours de marche, l'interrupteur s'arrête ou fonctionne irrégulièrement, cela tient uniquement à ce que du liquide a pénétré dans le tube de l'anode, par l'orifice inférieur; on reviendra à la marche normale en démontant cette anode du couvercle, en vidant le tube de verre et en remplaçant le tout.

Certains modèles sont hermétiques; à notre avis, ils présentent un inconvénient assez grave, celui de laisser accumuler au-dessus du niveau du liquide, un mélange gazeux d'oxygène et d'hydrogène résultant de la décomposition de l'eau. Si un fil vient à se détacher à l'intérieur de l'appareil et qu'une étincelle se produise, il peut y avoir explosion, projection du couvercle, bris de vase, etc., qu'on aurait évité en prévoyant un dégagement.

Polarité. — Dans l'établissement des connexions, il

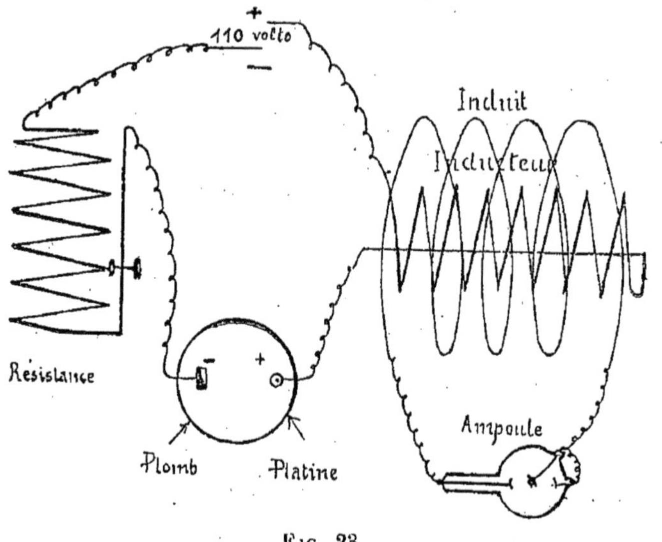

Fig. 23.

importe que la polarité soit très scrupuleusement observée et que le pôle positif arrive à l'anode, c'est-à-dire au platine. On se rendrait rapidement compte de l'erreur en constatant que la tige de platine ne devient pas incandescente, et que le ronflement caractéristique, que doit faire l'interrupteur en marchant, ne se fait pas entendre; d'ailleurs dans ces conditions la bobine ne donnera qu'une étincelle insignifiante. Outre le rhéostat, le réglage du débit s'obtient par la plongée plus ou moins grande de la tige. Après une marche prolongée, la conductibilité de l'électrolyte augmente par suite de l'échauffement; il y a donc lieu de diminuer la plongée du platine en cours de fonctionnement.

Installation par bobine et interrupteur à jet de mercure.

C'est l'installation type par excellence pour marcher sur courant continu. Elle doit comporter au minimum : une bobine d'induction ou transformateur à circuit magnétique ouvert, un interrupteur et un condensateur.

Le choix du type de bobine dépend :

1° De l'intensité du courant d'alimentation disponible;

2° Du rendement qu'on veut obtenir dans l'ampoule pour faire des radiographies avec des poses normales ou réduites, rendement que l'on peut traduire en milliampères traversant une ampoule de dureté moyenne.

Si on peut disposer d'un courant capable de fournir 8 à 10 ampères dans le circuit primaire, on choisira un type moyen de bobine débitant 1 à 3 milliampères dans le tube.

Si on peut disposer d'un courant capable de fournir
15 à 20 ampères dans le circuit primaire, on choisira
au contraire un type intensif de bobine pouvant débiter jusqu'à 10 ou 12 milliampères dans le tube.

Bobines ou transformateurs. — Suivant les constructeurs, les bobines sont disposées verticalement ou

Fig. 24. — Bobine en caisse rectangulaire surmontée de son
distributeur de haute tension.

horizontalement en enveloppe cylindrique ou en
caisse rectangulaire. C'est là une simple question de
détail qui résulte surtout de la composition de l'isolant; les bobines à isolant solide peuvent se placer indifféremment dans un sens ou dans l'autre, elles sont transportables. Celles à isolement liquide ou pâteux sont
disposées verticalement pour des raisons pures de
commodité de construction. Leur transport nécessite
certaines précautions et la disposition verticale des

bornes du secondaire se prête moins bien à la commodité des connexions aux tubes.

Les bobines à rendement normal, c'est-à-dire don-

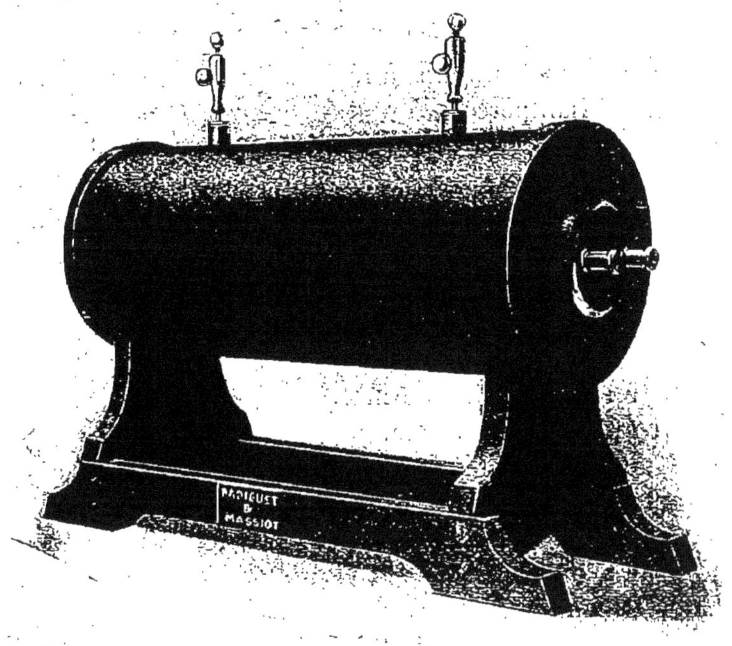

Fig. 25. — Bobine en enveloppe cylindrique pouvant être
disposée horizontalement ou verticalement.

nant jusqu'à 3 milliampères, sont généralement à un
seul enroulement primaire.

Les bobines à rendement intensif, c'est-à-dire donnant jusqu'à 12 milliampères, sont à deux combinaisons d'enroulement permettant de choisir le meilleur
rapport de transformation pour une marche du tube
à faible ou à fort régime.

Il est à noter en effet que pour *accrocher* et maintenir un tube à un débit régulier et faible : 8/10 à 1 milliamp. il est nécessaire d'alimenter la bobine par le primaire dont le coefficient de transformation par rapport à l'enroulement secondaire est plus élevé que pour actionner un tube à régime élevé : deux ou quelques milliampères.

Interrupteur. — Comme nous l'avons dit, l'interrupteur à jet de mercure correspond au type le plus couramment employé. Nous avons donné sa description générale au chapitre précédent; nous ne reviendrons pas sur son principe; en revanche, nous croyons utile de nous étendre sur quelques détails qui permettront d'obtenir une marche régulière et le meilleur rendement possible.

Tout interrupteur comporte deux éléments distincts : le moteur, la turbine proprement dite.

A ce propos, nous rappellerons la récente communication de M. le docteur Zimmern à l'Académie de médecine (séance du 12 septembre 1916).

Il résulte de ses observations qu'on a intérêt en radioscopie à réduire la vitesse des interrupteurs jusqu'à la limite du papillonnement pour atténuer l'action nocive des radiations.

Il est bon de faire remarquer ici que les turbines à moteur indépendant se prêtent particulièrement bien au réglage de leur vitesse et par conséquent à celui du nombre des interruptions dans l'unité de temps.

Entretien. — Il est bon d'assurer un graissage suffisant du moteur sans cependant qu'il soit excessif;

Fig. 26. — Turbine à moteur disposée au centre d'un tableau de commande.

une cause de mauvaise marche vient souvent de ce que la graisse s'est répandue sur le collecteur et nuit au bon contact des balais. On aura soin également de passer de temps à autre un morceau de papier de verre fin sur le collecteur.

Turbine. — L'arbre de la turbine est relié par accouplement élastique à celui du moteur au moyen d'un plateau à tocs et d'une double lanière en cuir chromé d'entraînement ; cet arbre traverse une douille en fonte inattaquable au mercure, et se prolonge en dessous jusqu'à une pièce conique formant turbine. L'axe de la turbine est fixé sur un plateau en matière isolante, sur lequel sont disposés concentriquement des secteurs ou peignes au nombre de quatre. Sous le plateau, la cuve à mercure, cloisonnée pour éviter que le mercure ne prenne un mouvement·giratoire sous l'impulsion de la turbine, est munie à la partie supérieure d'un joint serré contre le plateau par trois boulons arrêtés par des écrous. Deux robinets assurent la communication avec l'intérieur et permettent d'introduire dans la cuve du gaz ou à défaut de l'éther.

Entretien. — Pour obtenir un fonctionnement régulier, certaines précautions sont à prendre : le niveau du mercure doit se trouver légèrement au-dessus du cloisonnement de la cuve (quantité de mercure correspondant à 1 kgr. 200 environ pour une turbine 15 ampères). Le mercure sera toujours maintenu propre. Suivant le diélectrique employé, éther ou gaz d'éclairage, le pelliculage se produit plus ou moins rapidement ; il est donc nécessaire de filtrer le mercure assez fréquemment : le plus simple consiste à le verser dans un cornet de papier et à recueillir le filet qui s'écoule par la base. Il importe aussi de s'assurer que le canal pratiqué dans la turbine n'est pas bouché, on le débouchera facilement en soufflant dans ce canal au moyen d'un tube en caoutchouc appliqué contre la base, le graissage de l'axe doit être assuré au moyen de graisse consistante.

Le joint en caoutchouc ou en cuir, de la cuve, doit être renouvelé de temps à autre, enfin, le serrage des vis qui tiennent les peignes doit être surveillé.

Diélectrique. — Comme nous venons de le dire, il est à tous points de vue préférable d'employer le gaz d'éclairage comme diélectrique. Quand on ne dispose pas d'une canalisation qui permette de se brancher commodément au robinet d'arrivée de la turbine, on pourra se munir d'une poche à gaz, la consommation est si minime que le sac n'a pas besoin d'avoir de grandes dimensions pour servir même longtemps. On a une régularité de marche plus grande qu'avec l'éther.

Si l'éther est le seul moyen qu'on ait à sa disposition, les turbines sont généralement munies de deux robinets, l'un d'eux a un ajutage ordinaire, l'autre porte un petit godet dont la dimension sert à jauger la quantité de liquide à introduire au moment de la mise en service. On remplit donc d'éther ce godet, le robinet étant fermé et on ouvre ensuite les deux robinets pour que l'éther s'écoule, on referme enfin.

Réglage. — Certaines turbines sont construites de telle sorte qu'il soit possible d'envoyer dans le primaire, soit une pulsation par tour de turbine, soit quatre pulsations par tour, une lame de connexion permet d'obtenir ce résultat. On peut ainsi faire marcher un tube à très faible régime lorsqu'on désire le durcir. Dans la pratique courante, on emploie toujours la turbine avec les quatre secteurs.

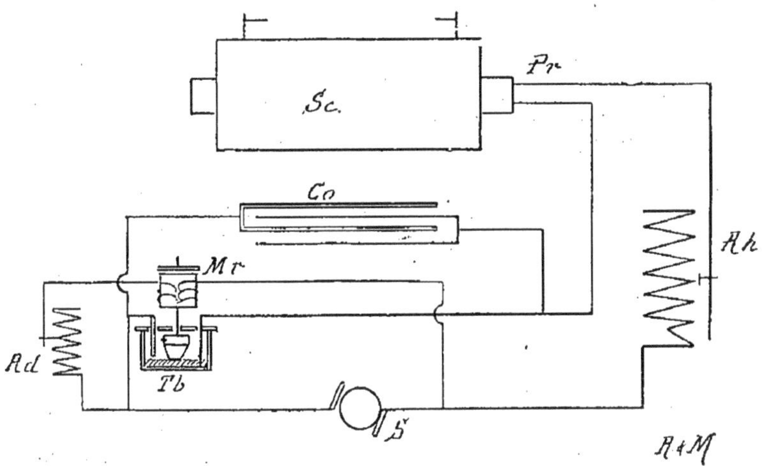

Fig. 27. — Schéma d'installation d'une bobine par interrupteur turbine.

Pour régler la vitesse de rotation de la turbine et, par conséquent, le nombre d'interruptions à la seconde, on intercale dans le circuit du moteur un rhéostat à curseur. Comme on peut s'en rendre compte, la durée de contact diminue en même temps que la vitesse augmente ; par conséquent, plus on augmentera cette vitesse, moins grande sera l'intensité du courant qui passera dans l'ampoule, il y a donc lieu de conserver une juste moyenne.

Condensateur. — Cet appareil se présente (voir description p. 27) sous la forme d'une caisse en bois contenant des éléments de condensateur d'une capacité déterminée (un microfarad le plus souvent) ; ces éléments peuvent être réunis *en quantité* au moyen de commutateurs à fiches. Les capacités minima et maxima des condensateurs pour une bobine déterminée sont fixées par le constructeur. Aucune précaution spéciale n'est à signaler dans leur emploi.

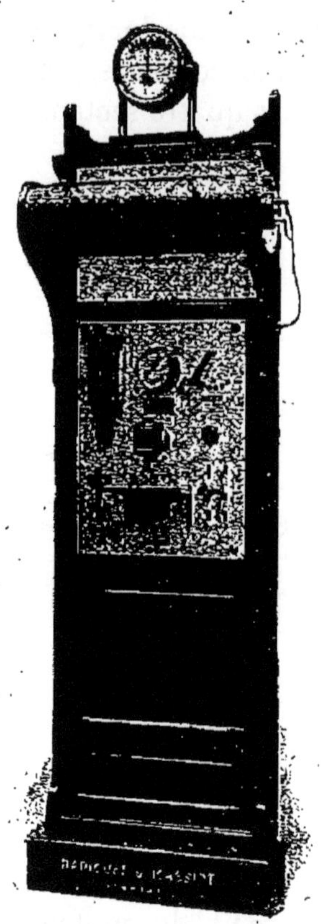

Fig. 28.
Meuble radiologique complet.

Meubles et tableaux. — Le plus souvent, tous les éléments d'une installation radiographique constituent un ensemble qui se présente sous forme d'un meuble plus ou moins bien combiné. A titre d'exemple, nous représentons un des types les plus courants.

Un tableau en marbre au centre du meuble, fixé au mur pour tenir le minimum de place, groupe : coupe-circuit de protection, manettes pour mise en marche et réglage d'intensité, réducteur de vitesse, interrupteur, ampèremètre, etc.

Pour faciliter le branchement de l'ampoule à la bobine ainsi que les différents organes de vérification de marche et de mesure, l'appareil comporte des tiges isolantes d'où partent les fils de haute tension, et des supports pour le milliampèremètre et le spintermètre.

§ 3. — INSTALLATIONS FIXES SUR COURANT ALTERNATIF.

Installation fixe par bobine et interrupteur synchrone.

Tout ce que nous avons dit au chapitre des installations sur courant continu, par bobine et interrupteur à mercure, relativement aux rhéostats bobines et condensateurs est applicable. Un seul élément diffère, c'est l'interrupteur dont nous décrirons l'un des types les plus simples.

Interrupteur synchrone. — L'interrupteur Bosquain est en tous points semblable à l'interrupteur à jet de mercure précité, sauf en ce qui concerne le moteur. Le principe en est le suivant :

Un électro-aimant est alimenté par un courant alternatif dont on a arrêté une des phases au moyen d'une soupape électrolytique. Cette soupape est constituée par la réunion de deux électrodes, l'une en aluminium, l'autre en plomb jouant simplement le rôle de conducteur ; les deux électrodes plongent dans un

vase de faible volume (1/4 de litre environ) contenant
une solution saturée de phosphate de soude. Sous
l'influence du passage du courant, des phénomènes
d'électrolyse se développent au sein du liquide et
donnent lieu à la production d'une légère pellicule de
phosphate d'alumine dont la propriété est de permettre le libre passage du courant dans un sens, et

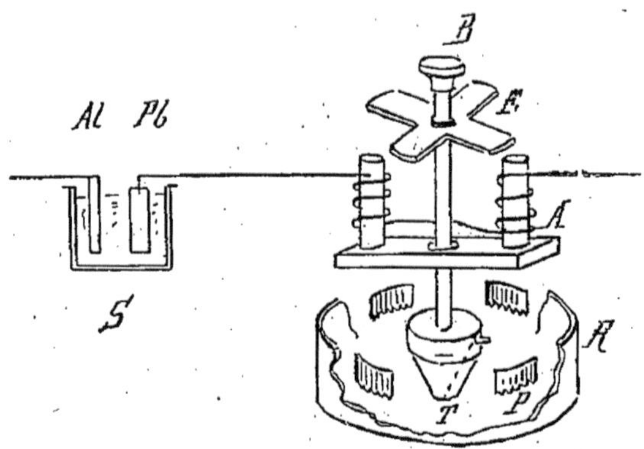

Fig. 29. — Schéma de montage d'une turbine Bosquain et de
sa soupape.

non dans l'autre. Cela revient donc à envoyer dans
l'électro-aimant du courant interrompu de sens invariable à des intervalles de temps correspondant aux
phases du courant alternatif. Si donc, en regard des
deux masses polaires (stator) de l'électro, on a disposé une étoile à quatre branches en fer doux (rotor)
montée sur un axe à l'extrémité duquel se trouve fixée
la turbine, en donnant une impulsion vive approchant
de la vitesse de synchronisme, les attractions successives de l'électro entretiendront un mouvement de

rotation qui sera quatre fois plus lent que le nombre correspondant à la fréquence.

Si d'autre part, on tient compte que la turbine porte quatre peignes donnant lieu à une période d'établissement de courant par passage devant un peigne, on verra que cet interrupteur établira le cou-

Fig. 30. — Turbine Bosquain.

rant dans la bobine à chaque période positive, ou à chaque période négative suivant le calage des peignes, par rapport au temps où s'effectue la période ; pratiquement, on fait en sorte que l'établissement du courant s'opère au moment où l'intensité augmente et que la coupure ait lieu, au moment où cette intensité est maxima. En ce qui concerne l'entretien de la turbine, nous n'avons rien de particulier à signaler ;

quant au système moteur, il suffit d'assurer le graissage du roulement sur lequel l'axe prend point d'appui.

Soupape. Formation de la soupape. — Il importe tout d'abord que l'aluminium employé à la fabrication de l'électrode soit absolument pur, cette condition doit être réalisée par le constructeur. On pourra vérifier que la soupape arrête suffisamment une des ondes, en mettant en circuit, sur le courant alternatif, une lampe à 110 volts, et la soupape. Au début, la lampe brillera d'un éclat normal, parce que la pellicule n'aura pas encore pu se former sur l'électrode, mais au bout de quelque temps, la lampe faiblira par le fait de la résistance qu'offrira la formation de la pellicule en question au passage du courant. Avec une soupape remplissant ces conditions, on aura donc toutes chances de produire sans difficultés la mise en route du moteur.

Mise en marche. — Elle s'effectue en imprimant une impulsion vive mais assez prolongée de l'étoile au moyen du bouton molleté fixé à la partie supérieure de l'arbre. Il peut se faire qu'on soit obligé de s'y reprendre à 2 ou 3 fois avant d'avoir atteint la vitesse de synchronisme à laquelle le moteur *s'accrochera*, mais, si l'étoile tourne librement sur son axe, et si on a vérifié convenablement la soupape, il n'y a aucune raison qui puisse empêcher la marche régulière du moteur.

Réglage. — Le calage des peignes est fait d'une façon approximative par construction, le praticien doit

Fig. 31. — Type de tableau de commande sur courant alternatif.

l'achever en marche, soit en examinant le rendement sur l'étincelle ou mieux encore la lueur produite dans le tube. A cet effet une manette prévue sur le plateau de l'interrupteur permet de décaler les électros par rapport à la position des peignes. On imprimera donc à cette manette un mouvement de rotation graduelle, jusqu'à ce qu'on obtienne dans le tube le maximum de luminosité. On immobilisera enfin cette manette sur son arc de cercle au moyen d'une vis de pression. Ce réglage est fait une fois pour toutes.

Meubles et tableaux. — L'ensemble de l'installation se présente sous une forme analogue à celle sur courant continu, un seul appareil se trouve supprimé, c'est le rhéostat de réglage du moteur de l'interrupteur qui n'aurait aucune raison d'être, puisque nous devons avoir nécessairement une vitesse synchrone de la fréquence du courant.

Une installation de ce genre nécessite une intensité d'environ 10 à 15 ampères au maximum, pour un débit d'environ 5 à 6 milliampères dans le tube, avec une bobine grand modèle.

Installations par transformateur à contact tournant.

Nous sortirions du cadre de notre manuel, si nous envisagions dans cette installation l'emploi d'un appareillage à grand rendement nécessitant une intensité considérable de courant. Nous resterons donc dans les limites que nous imposent les circonstances, en supposant par conséquent une canalisation de 20 à

25 ampères répondant aux besoins d'une installation d'importance moyenne. Nous décrirons par conséquent le type d'appareillage le plus simple, celui du docteur Bosquain.

L'installation doit comporter : un transformateur statique à circuit magnétique fermé, son commutateur tournant, une table de réglage.

Le transformateur. — L'appareil désigné communément sous le nom « Contact tournant », utilisant une seule phase se compose essentiellement d'un transformateur à circuit magnétique fermé.

Le transformateur se présente sous la forme d'une sorte de bobine enfilée sur l'une des branches de l'armature rectangulaire en lames de tôle vernissées, assemblées et fortement serrées entre de solides madriers formant bâti. Il est dissimulé dans un meuble ou coffre démontable en deux parties. L'inducteur est à deux enroulements dont les extrémités sont reliées à un commutateur qui permet d'obtenir deux régimes de marche. A la partie supérieure du transformateur proprement dit sont fixées deux bornes convenablement isolées qui permettent de recueillir le courant à haute tension.

Contact tournant. — Sur le coffre inférieur, vient se fixer un second coffre renfermant le contact tournant formé par un arbre isolant monté horizontalement en travers du meuble entre des paliers à billes. Cet arbre est traversé par une tige verticale en aluminium qui peut tourner en regard de deux collecteurs diamétralement opposés et fixés l'un sous le couvercle du meuble, l'autre au-dessus de la borne correspondante du secondaire.

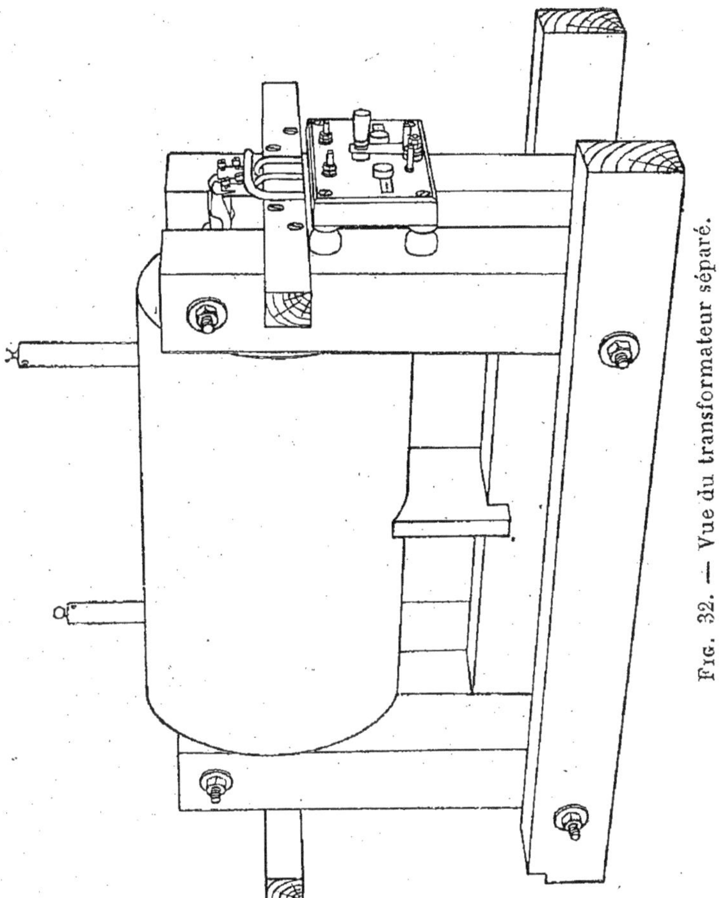

FIG. 32. — Vue du transformateur séparé.

Le couvercle supporte sur la partie extérieure les bornes d'emploi du courant ainsi que le milliampèremètre et le spintermètre.

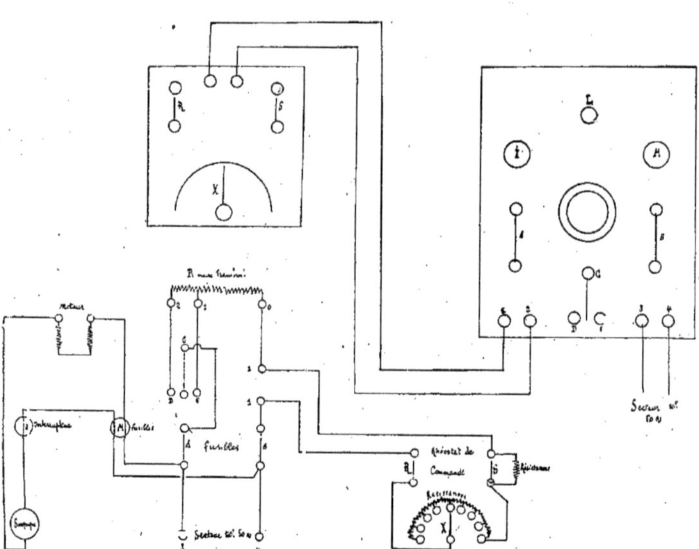

Fig. 33. — Connexions.

FIG. 34. — Vue_d'ensemble du meuble.

Un tableau en marbre, fixé sur la paroi latérale du meuble, porte un moteur synchrone qui actionne l'arbre du contact tournant, une manivelle pour le lancement et la mise en phase du moteur. Des interrupteurs, coupe-circuits, commutateur de branchement pour régler le rapport des enroulements primaires, ainsi que les prises de courant complètent ce tableau.

Le moteur synchrone. — Le moteur synchrone qui entraîne l'arbre du contact tournant, bien que basé sur le même principe que celui de la turbine Bosquain, est d'une construction un peu différente, il est plus puissant et accomplit une demi-révolution par phase.

Son arbre est relié à celui du contact tournant au moyen d'un accouplement semi-rigide, il porte, en outre, une poulie, reliée à un volant entraîné par une manivelle, pour en effectuer le lancement. Dans les modèles actuels, le lancement s'effectue automatiquement, par un dispositif électrique simple. Le meuble, ainsi constitué, occupe un emplacement d'environ 80 centimètres × 50 centimètres à la base et de 110 centimètres de hauteur. La figure 36 ci-après le montre en service dans la salle de radiographie du nouvel hôpital de Dreux, on peut juger ainsi du faible encombrement de cet appareil, comparativement aux autres modèles existants.

Table de réglage. — Le rhéostat de réglage, qui permet de graduer l'intensité du courant admis dans l'un des deux enroulements inducteurs est protégé par une garniture en tôle perforée, il est muni de pattes et surmonté d'un tableau de marbre. Le tableau réunit la manette de commande du rhéostat et les interrupteurs.

Un câble, terminé par une prise de courant, sert à relier ce rhéostat au « contact tournant ». On peut, au gré de l'opérateur, disposer le poste de commande soit le long d'un mur, ou mieux encore sur une table roulante, comme le montre la figure.

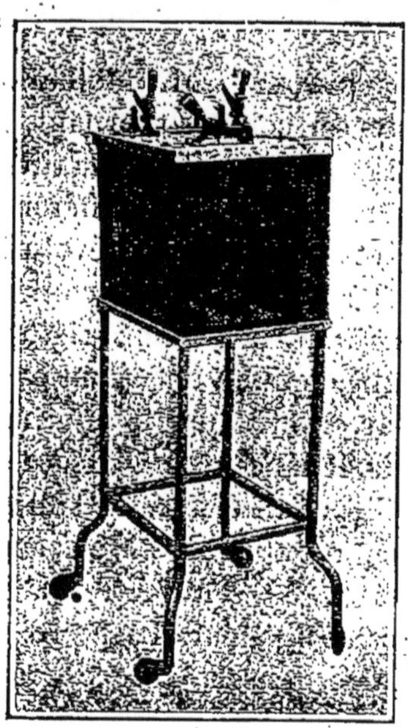

Fig. 35. — Table de réglage du contact tournant.

Montage. — En se reportant au schéma que nous avons donné à la page 74 on suivra facilement les connexions, d'ailleurs aucune erreur n'est possible puisqu'il y a juste à fixer les deux fils du secondaire aux bornes correspondantes et à connecter les arrivées de courant au transformateur et à la soupape, en se

Fig. 36. — Salle de Radio de l'hôpital de Dreux.
Au fond le " Contact tournant Bosquain-Massiot ".

reportant aux numéros gravés sur chaque extrémité des câbles.

Entretien. — En dehors du graissage du moteur et de l'entretien de la soupape électrolytique qui ne diffère en rien de celui indiqué pour l'interrupteur Bosquain, aucune précaution spéciale n'est à signaler.

Mise en route et réglage. — La mise en marche se fait de la façon suivante : On imprime à l'arbre du moteur une vitesse (de 1.200 à 1.500 tours) voisine de la demi-valeur du synchronisme, suivant la fréquence, en tournant le volant au moyen d'une manivelle d'entraînement (ce qui correspond environ à la vitesse de 170 à 190 tours à la minute, pour la manivelle). Lorsque le moteur a acquis cette vitesse, on lance le courant dans les inducteurs du moteur; par l'impulsion qui se communique à la main par la manivelle, on sent parfaitement que le moteur est *accroché*. On lâche alors la manivelle qui se déclanche d'elle-même, et le moteur continue à tourner.

Dans les modèles récents, le lancement s'opère automatiquement, en plaçant le rotor dans une position déterminée par un repère, et en agissant sur une simple manette de shuntage. La manœuvre de la manivelle se trouve ainsi supprimée.

On s'assure que les pointes du spintermètre sont écartées d'environ 18 à 20 centimètres, car si elles étaient au contact, il pourrait en résulter un débit considérable dans le primaire, et un échauffement préjudiciable à l'isolant du secondaire. Cette précaution prise, on peut envoyer le courant dans le transformateur, en augmentant progressivement l'intensité au moyen du rhéostat; lorsqu'on a poussé la manette jusqu'au dernier plot, si on désire atteindre une intensité supérieure, on ferme l'interrupteur fixé à droite du rhéostat, après s'être remis au 0; on agit alors de nouveau comme on l'a fait au début sur la manette circulaire.

Le calage de la tige par rapport à la position des secteurs est obtenu par construction d'une façon forcément approximative. On peut arriver à un réglage exact en branchant un ondoscope aux deux bornes d'emploi; cet appareil n'est autre qu'une sorte de tube de Crookes dont l'aspect des fluorescences permet de constater s'il ne passe pas d'onde inverse.

Pour caler les tiges de contact, il suffit de desserrer légèrement le collier en ébonite qui maintient ces tiges et de le faire tourner d'une quantité convenable autour de l'axe en ébonite, en principe lorsque l'appareil est bien réglé et pendant la marche du tube, on observe des aigrettes d'étincelles d'une longueur à peu près semblable de part et d'autre des peignes.

Ce modèle de contact tournant utilisant une seule phase est susceptible d'actionner les tubes à tous les régimes depuis 1 jusqu'à 20 milliampères pour une consommation au primaire d'environ 1 ampère et demi par milli débité au secondaire.

Il existe actuellement un modèle de construction analogue, utilisant les deux phases, nous ne nous étendrons pas ici sur sa description, qui ne présente pas théoriquement d'intérêt particulier. Disons seulement qu'il permet d'atteindre des intensités supérieures, dont on tirera le plus grand profit dans la pratique plus générale de la radiologie (radiographies du thorax, de l'estomac, radiologie infantile, qui restent en dehors de notre sujet principal).

Précaution. — En raison de la puissance du courant secondaire développé, il est bon de se montrer prudent pendant la marche et d'éviter de se mettre en communication avec les conducteurs de haute tension. Le danger de tels contacts est en effet beaucoup plus grand qu'avec une bobine d'induction.

Nous en avons terminé avec les installations radiographiques dans les localités où l'on dispose du courant électrique fourni par les usines ou secteurs; reste à examiner celles qui conviennent aux localités dépourvues de toute ressource.

Là encore, deux facteurs entrent en jeu; car si les appareils radiographiques peuvent être commodément installés dans les hôpitaux de territoire où l'on dispose de tout le temps nécessaire, et où l'on jouit de toute la tranquillité d'esprit pour faire à tête reposée toutes les opérations que réclame la chirurgie de guerre, il n'en est pas de même, dans les hôpitaux temporaires qu'on rencontre dans la zone des armées, où la radiographie rend d'indiscutables services. Il y a donc lieu d'établir une distinction entre le matériel des hôpitaux temporaires, qui peuvent être immobilisés pour un temps relativement long, et pour lesquels une installation semi-fixe peut convenir, et les ambulances de l'avant, aménagées dans les locaux les plus divers, fermes, écoles, églises, voire même tentes ou baraquements, et qui sont appelées à se déplacer d'un instant à l'autre. Pour ces formations sanitaires, la voiture radiologique automobile semble s'imposer, l'expérience de la guerre l'a démontré péremptoire_ment ; aussi réserverons-nous un chapitre spécial à l'étude de cette intéressante question.

§ 4. — INSTALLATIONS SEMI-FIXES DANS UN LOCAL NE DISPOSANT D'AUCUN COURANT.

La première condition étant de produire du courant d'une façon pratique et suffisante, nous éliminerons tout projet par accumulateurs qu'il faut recharger, ou par piles qui s'épuisent trop rapidement, et adopterons le « groupe électrogène », constitué par l'ensemble d'un moteur à essence dont l'arbre est accouplé à celui d'une dynamo à courant continu.

Bien que, théoriquement, rien ne s'oppose à l'existence de groupes électrogènes fournissant du courant alternatif, qui permettrait d'établir un matériel radiographique par « Transformateur à contact-tournant » plus puissant que la bobine d'induction, nous n'envisagerons pas cette hypothèse. En effet, une telle installation entraînerait l'emploi d'appareils beaucoup plus lourds, beaucoup plus volumineux et plus délicats. En outre, ces derniers nécessitent une énergie plus considérable et une régularité de marche presque absolue qu'on ne peut obtenir avec une source électrique à débit limité.

Toute installation radiologique semi-fixe comporte en principe :

Un groupe électrogène à courant continu ;

Un transformateur ou bobine d'induction ;

Un interrupteur, un rhéostat et un condensateur;

Des accessoires tels que pied porte-ampoule, lit, etc., appropriés à l'importance de l'installation.

Groupe électrogène. — Le groupe électrogène est constitué par assemblage, sur un bâti en fonte, d'un

Fig. 37. — Groupe électrogène Ballot,
60 volts, 10 ampères.

moteur à essence d'automobile et d'une dynamo. De nombreux types de cet appareil existent déjà dans l'armée pour l'éclairage des bureaux des États-Majors. On semble avoir fixé généralement son choix sur le modèle Ballot de 1 HP et demi, capable de fournir un courant continu de 70 volts et 10 ampères. Bien que ce modèle soit à notre avis un peu insuffisant puis-

Fig. 38. — Groupe électrogène Renault,
110 volts, 15 ampères.

qu'il ne permet pas d'alimenter de bobines capables
de fournir une intensité supérieure à 2 milliampères
dans un tube de dureté moyenne (intensité souvent
insuffisante pour les besoins de la pratique courante),

Fig. 39.

nous le mentionnons cependant parce qu'il est assez
répandu. Sa mise en marche facile, son poids et son
volume réduits rendent son emploi très séduisant.

Outre le moteur et la dynamo, cet appareil porte
encore son refroidisseur à ailettes, sa bâche à eau et

son réservoir d'essence. Nous pensons que pour travailler dans de bonnes conditions, il serait utile de pouvoir disposer d'un moteur de 3 HP, plus lourd il est vrai, mais répondant mieux aux nécessités de la radiologie en général.

Le groupe Renault peut fournir 25 ampères sous 110 volts, en marche normale. Sa dynamo compoundée et l'adjonction d'un dispositif de réglage automatique parfait, assurent une constance absolue quelle que soit la charge.

Ce groupe électrogène, répond donc aux conditions d'une installation demi-fixe, il convient également aux équipages radiologiques mixtes, montés sur gros camions, qui doivent fournir aux ambulances le courant nécessaire non seulement à la radiologie mais encore à l'éclairage général et à celui de la salle d'opétion en particulier.

Appareils de protection. — Pour éviter qu'une surtension résultant du fonctionnement des transformateurs alimentés par le courant produit par une dynamo amène une détérioration de l'induit (élagage) il est utile d'introduire dans le circuit primaire des organes de protection et de mise à la terre. Plusieurs dispositifs ont été proposés, bobines de self, lampe, etc. On emploie actuellement un condensateur dit condensateur de garde. Cet appareil est généralement monté derrière le tableau d'arrivée de courant qui porte aussi des lampes témoin, un interrupteur général et un coupe-circuit.

Matériel réduit. — Tous les constructeurs ont

rivalisé d'ingéniosité pour condenser en un matériel
aussi simple et aussi robuste que possible tous les

FIG. 40. — Installation transportable par transformateur
et turbine automotrice.

éléments d'une installation semi-fixe ; la mise en
service des voitures radiographiques a fourni l'occasion d'étudier plusieurs types spéciaux et de puissance
proportionnée aux besoins.

La figure ci-contre montre un petit matériel réduit composé de deux caisses, une pour la bobine, l'autre pour l'interrupteur.

Pour éviter de porter un socle de pied porte-tube nécessairement pesant, une potence permet de le fixer contre la bobine, qui sert elle-même de socle. Cet appareillage répond au minimum possible d'encombrement.

Matériel plus puissant. — Pour les installations où la puissance n'est pas aussi limitée qu'avec un « groupe Ballot », nous avons établi un type, réunissant tous les perfectionnements possibles, et capable de fournir des intensités comparables à celles des meilleures installations fixes par bobine d'induction.

Tout matériel semi-fixe ou transportable se compose essentiellement de deux éléments distincts, le transformateur et le poste de commande.

En ce qui concerne le transformateur, il se présente le plus souvent sous la forme générale de la figure 41.

Transformateur. — Le transformateur proprement dit est monté, entre deux joues en chêne, sur un socle qui constitue en même temps le fond de la caisse destinée à le transporter

L'inducteur est le plus souvent à deux enroulements primaires pour faciliter la marche des tubes à fort ou faible régime.

L'enroulement faible permet d'alimenter un tube de dureté moyenne sous un régime ne dépassant pas 2 milliampères.

L'autre enroulement au contraire, suivant l'intensité

du courant primaire que la source électrique peut
fournir, permettra d'atteindre une intensité variant de
2 à 5 et même 6 milliampères.

Fig. 41. — Le transformateur en ordre de marche.

Le courant secondaire est distribué dans les divers
organes, milliampèremètre, soupape, spintermètre,
au moyen d'un dispositif de branchement instantané.
Ce dispositif affecte la forme d'un tableau en ma-

tière isolante maintenu par des charnières entre les joues de la bobine et sur leur partie supérieure.

Ce tableau ou distributeur de haute tension porte d'un côté le milliampèremètre et de l'autre soit une soupape à pointes et plateaux multiples, soit une pince destinée à maintenir une soupape à vide. Au-dessus se trouve un spintermètre dont le manche isolant est démontable pour que le tableau puisse se rabattre.

Toutes les connexions sont ainsi faites par construction et il ne reste plus qu'à effectuer le branchement du tube en reliant ses pôles respectivement aux bornes d'emploi terminées par des anneaux.

Toutefois il y a lieu de tenir compte de la polarité du transformateur par rapport aux électrodes du tube. Pour éviter toute erreur, nous sommes d'avis qu'il est bon de suivre la règle générale que tous les constructeurs de tableaux électriques suivent et qui consiste à amener toujours le positif à gauche du tableau. Dans le cas qui nous intéresse on devra donc relier l'anticathode du tube au pôle qui se trouve du côté du milliampèremètre.

Pour le transport, le distributeur de haute tension se replie avec ses accessoires sur la partie supérieure du transformateur et le tout est entièrement protégé par un couvercle en chêne muni de poignées sur les côtés et rattaché au socle par des fermetures à moraillons.

Poste de commande. — Le poste de commande peut affecter soit la forme d'un tableau (matériels des groupes complémentaires), soit la forme d'une caisse de dimensions semblables à celle du transformateur.

FIG. 42. — Poste de commande mural.

FIG. 43. — Rhéostat pour circuit primaire de transformateur·

FIG. 44. — Le poste de commande en_caisse portative.

Dans le premier cas, le condensateur, la turbine à mercure et le rhéostat qui sert à régler la vitesse du moteur de la turbine et par conséquent le nombre des interruptions, forment un ensemble et le rhéostat qui sert à admettre une intensité plus ou moins grande dans l'inducteur du transformateur est séparé. Il se présente sous la forme d'un parallélépipède en tôle perforée, surmonté d'un plateau en marbre sur lequel se trouvent les plots du rhéostat et la manette qui permet de mettre un plus ou moins grand nombre de spires en circuit.

Une prise de courant indépendante permet d'alimenter directement une lampe pour éclairer l'opérateur.

Dans le second cas, tous les organes de distribution du courant primaire se trouvent groupés en un bloc compact qu'on peut facilement amener à proximité du transformateur. Comme dans la caisse du transformateur, le couvercle sert à la fois de socle aux appareils (fig. 44).

Tout matériel semi-fixe ou transportable se complète évidemment d'accessoires dont le praticien peut faire varier le nombre et la nature. On trouvera au chapitre spécial de « l'appareillage accessoire » tous les renseignements désirables.

§ 5. — LES AMPOULES RADIOGÈNES.

Nous avons décrit au § 3 du chapitre premier les principes du fonctionnement des ampoules radiogènes. De nombreux modèles d'ampoules s'emploient en radiologie, variant par leur volume, les dimensions des électrodes et de l'anticathode, et lorsqu'il en existe, la nature des dispositifs de refroidissement de l'anticathode et de régénération du gaz.

Choix des ampoules utilisables. — En principe, toutes les ampoules sont utilisables pour la radiographie, mais, tandis qu'avec les ampoules construites au début les temps de pose atteignaient jusqu'à vingt minutes pour un thorax, on peut réduire ce temps à moins d'une minute, et même à une fraction de seconde, grâce aussi d'ailleurs aux perfectionnements réalisés d'une manière corrélative dans les générateurs de courant. La rapidité de ces poses procure une économie de temps énorme et une bien moindre fatigue du patient.

Pour la radioscopie, d'autre part, seules les ampoules pouvant supporter au moins 2 milliampères seront utilisables pour les parties épaisses du corps.

On devra pour la radiographie employer autant qu'on le pourra des ampoules robustes, pouvant supporter au moins 2 et si possible 5 ou 6 milliampères pendant plusieurs minutes et par conséquent d'assez grand volume (150 à 200 millimètres de diamètre) à anticathode très épaisse ou renforcée, et de préférence à refroidissement continu.

En outre, l'ampoule devra être munie, comme le sont toutes celles de construction récente, d'un régénérateur de gaz.

Les premières ampoules que l'on a construites (fig. B, planche ampoules), étaient munies d'une anticathode constituée par une mince lame de platine iridié qui pouvait d'ailleurs être portée au rouge som-

7

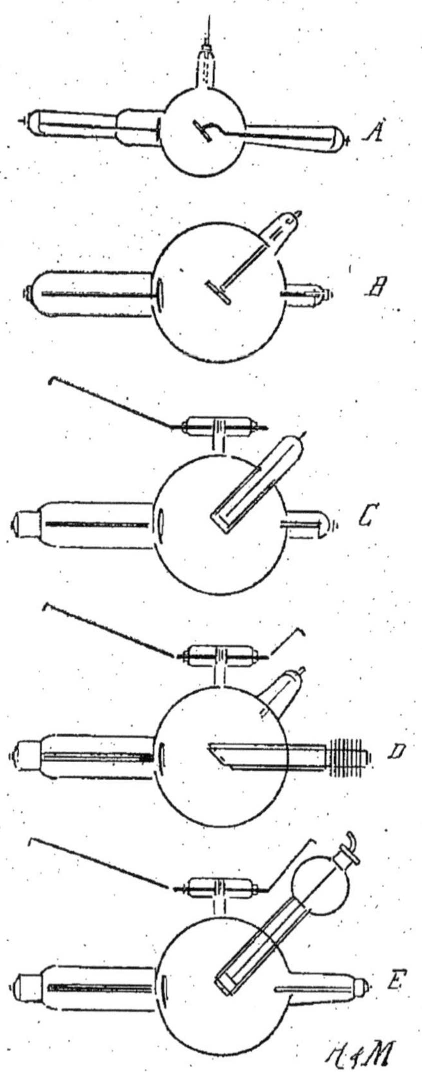

Fig. 45. — Différents types d'ampoules.

bre. Elles ne possédaient aucun dispositif de régénération, le seul moyen que l'on possédait pour ramollir les ampoules devenues trop dures consistait à les flamber dans une flamme de gaz ou d'alcool, ce qui dégageait une partie des gaz occlus dans la paroi de verre.

De telles ampoules ne supportent que quelques dixièmes de milliampère, au delà on risque de faire éclater l'enceinte par suite de l'échauffement trop rapide, ou de percer l'anticathode par la violence du bombardement cathodique.

Ces instruments sont donc à rejeter

pour la radiologie en campagne où il faut opérer rapidement et où les recherches dans les parties épaisses du corps sont fréquentes.

Nous passerons en revue dans ce qui suit les différents dispositifs employés pour permettre d'obtenir des ampoules une marche intensive.

Dispositifs de renforcement et de refroidissement de l'anticathode. — On emploie, pour éviter la perforation des anticathodes et diminuer leur échauffement, des anticathodes dites renforcées, constituées par une lame de platine iridié, tantale ou tungstène, faisant corps avec un cylindre de cuivre s'allongeant à l'arrière (fig. *C*, planche ampoules) et qui, augmentant la capacité calorifique de la lame, retardent notablement son échauffement. On peut ainsi employer des courants permettant l'obtention de radiographies rapides, mais il faut cependant laisser entre les poses un intervalle de temps suffisant, ou si l'on fait de la radioscopie, interrompre la marche assez fréquemment pour laisser refroidir la masse métallique.

Un progrès sensible a été réalisé en donnant au cylindre de cuivre une forme creuse, avec ouverture externe au dehors de l'ampoule, permettant d'introduire dans le cylindre une barre de cuivre (fig. *D*, planche ampoules), glissant à frottement doux, et munie d'ailettes formant radiateur. La chaleur dégagée dans l'anticathode est ainsi transmise par conductibilité jusqu'aux ailettes, où elle se déperd dans l'air ambiant.

Ce système permet de faire un grand nombre de radioscopies ou radiographies de suite, avec des courants de 1 à 8 milliampères facilitant des poses très courtes et donnant sur l'écran une grande clarté même pour les parties épaisses du corps.

Pratiquement la barre à ailettes est sectionnée en deux, longitudinalement et les deux demi-cylindres sont maintenus dans le tube par une lame de ressort placée dans leur plan diamétral et tendant à les écarter.

Une variante de ce système consiste à remplacer la barre à ailettes par un tube communiquant avec une sphère de cuivre creuse qui reste extérieure à l'ampoule, et qui peut être remplie d'eau.

Enfin, on a, dans certaines ampoules, soudé simplement l'anticathode à l'extrémité d'un tube de verre dont elle constitue le fond, le tube de verre traversant l'ampoule et s'élargissant à l'extérieur en forme de boule, le tout rempli d'eau (fig. *E*, planche ampoules). L'emploi de l'eau dans ces dispositifs les rend moins commodes que les refroidisseurs à ailettes. On devra éviter de remplacer l'eau échauffée par de l'eau froide, sans laisser l'ampoule se refroidir quelques minutes, sous peine de rupture de la paroi au voisinage des soudures du verre.

Dispositifs de régénération du gaz dans l'ampoule. — Lorsqu'une ampoule fonctionne normalement, elle tend généralement à durcir, c'est-à-dire à émettre des rayons de plus en plus durs. Ce durcissement est dû à ce que la pression intérieure diminue par suite de l'absorption des molécules du gaz par les électrodes et les parois de verre. Il y a donc lieu de restituer du gaz à l'enceinte, ce que l'on fait au moyen de divers dispositifs décrits ci-après. — Le dispositif le plus couramment employé consiste en deux électrodes annexes

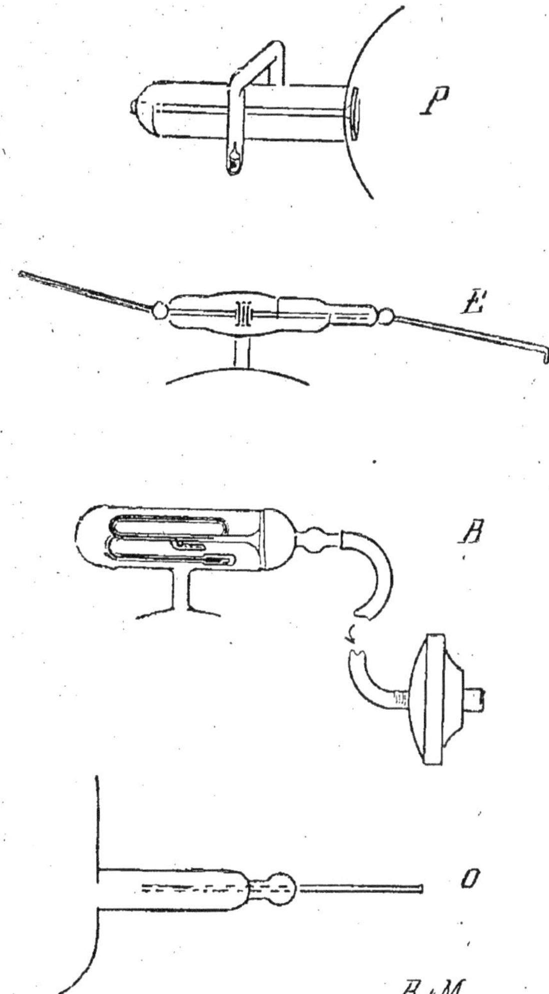

FIG. 46. — Différents dispositifs de régénérateurs.

placées dans un petit cylindre relié à l'ampoule

par un tube de verre (fig. *E*, planche régénérateurs).

Ces électrodes sont reliées l'une à l'anode, l'autre à la cathode par des tiges métalliques. Lorsque ces liaisons existent, la décharge se produit de préférence entre les électrodes annexes, qui sont disposées de façon à présenter un écart moindre que les électrodes principales. Les gaz qui sont occlus dans le métal des électrodes annexes et qui ont été laissés occlus à dessein lors de la formation de l'ampoule, se dégagent sous l'influence de la décharge. En relevant ces tiges de liaison, la décharge passe de nouveau entre les électrodes principales, ce qui permet de suivre la marche de la régénération.

D'autres dispositifs moins employés sont basés sur le dégagement gazeux produit en chauffant des corps dépourvus de tension de vapeur à la température ordinaire. On emploie en particulier la potasse qui, chauffée, dégage de la vapeur d'eau transformée ultérieurement en hydrogène par l'aluminium des électrodes sous l'influence de la décharge, et l'hydrure de calcium qui dégage directement de l'hydrogène.

Les corps devant être chauffés sont placés dans un petit tube de verre soudé à l'ampoule (fig. *P*, planche régénérateurs).

Ces dispositifs sont moins commodes que le régénérateur à étincelle par suite de la nécessité d'employer une lampe à alcool ou à gaz. Nous citerons enfin le régénérateur Bauer (fig. *B*, planche régénérateurs), par lequel on introduit directement de l'air dans l'ampoule à travers un tube capillaire muni d'un obturateur à mercure actionné extérieurement, et l'osmorégulateur de Villard basé sur la perméabilité du platine incandescent pour l'hydrogène.

L'osmorégulateur est constitué par un tube de platine de 2 à 3 millimètres de diamètre et 50 à 60 millimètres de long, traversant la paroi de l'ampoule et fermé à son extrémité extérieure (fig. O, planche régénérateurs ; fig. A, planche ampoules).

En chauffant la partie extérieure du tube de platine, au rouge, avec un bec Bunsen, ou une lampe à souder, l'hydrogène, qui existe toujours à l'état libre dans la flamme, diffuse à l'intérieur au travers du platine incandescent.

On peut par ce même dispositif durcir une ampoule dont on a poussé trop loin le ramollissement. Il suffit d'entourer le tube osmorégulateur d'un manchon de platine qui s'interpose entre ce tube et la flamme. L'osmorégulateur est encore chauffé au rouge par le rayonnement intérieur du manchon, mais il se trouve alors, grâce au courant d'air qui s'établit dans ce manchon, placé dans une atmosphère où la pression de l'hydrogène est nulle. La diffusion de ce gaz se produit donc cette fois vers l'extérieur,

Nous devons ajouter d'ailleurs que dans une ampoule de quelque système qu'elle soit, on peut généralement obtenir le durcissement des rayons émis, en faisant fonctionner au préalable, pendant quelques secondes, l'ampoule connectée en sens inverse du sens normal (sans changer bien entendu le sens de la soupape à onde s'il y en a une).

§ 6. — SOUPAPES D'ONDE.

Nous avons vu (§ 3, chap. Ier) que les ampoules radiogènes ne doivent recevoir que des décharges d'un sens défini. Avec les appareils munis d'un contact tournant, cette condition est réalisée mécaniquement par la sélection ou le redressement des ondes induites. Mais avec les bobines munies d'interrupteurs, on ne peut opérer cette sélection qu'au moyen d'appareils dits soupapes à onde inverse.

Le principe de l'action des soupapes repose sur ce fait que, pour que la décharge se produise facilement dans un gaz, il faut que la cathode soit de grande dimension et entourée d'un espace libre suffisant pour ne pas restreindre l'ionisation intense qui se produit au voisinage de cette cathode.

On conçoit donc que si l'on crée dans le circuit d'une ampoule radiogène une coupure, que le courant devra franchir sous forme d'effluve ou d'étincelle et que si, en outre, on crée une grande dissymétrie entre les deux électrodes qui aboutissent à cette coupure, le courant passera facilement quand son sens sera tel que la grande électrode soit la cathode, mais au contraire difficilement ou même pourra pratiquement être intercepté quand la petite électrode sera cathode.

On a construit sur ce principe deux genres de soupapes : dans les unes, la coupure a lieu au sein d'une enceinte où le gaz est raréfié, dans les autres la coupure est dans une enceinte d'air à la pression atmosphérique.

Soupapes d'onde à enceinte de gaz raréfié. — Le type le plus courant de ce genre de soupapes est la soupape de Villard (fig. 47). L'une des électrodes est constituée par un serpentin de gros fil d'aluminium placé au centre d'une ampoule, l'autre est constituée par un petit cylindre d'aluminium, entouré d'un tube de verre laissant autour du cylindre une faible gaine de gaz, le tout logé dans une tubulure soudée à l'am-

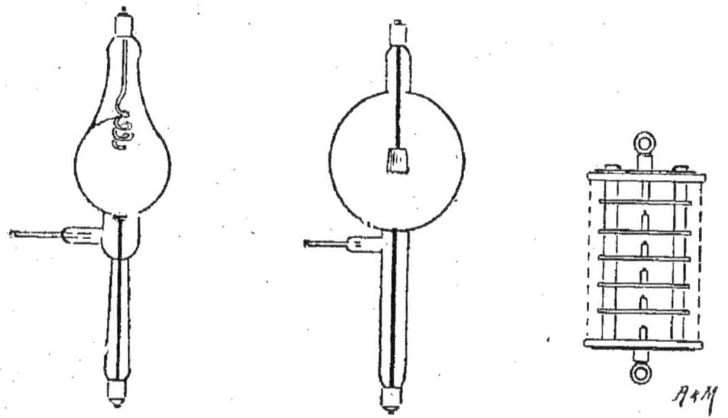

Fig. 47, 48, 49. — Soupapes d'onde.

poule. La pression dans ces soupapes doit être d'environ 1/1000 d'atmosphère, on la règle au moyen d'un osmorégulateur Villard (décrit précédemment) en se guidant sur l'aspect. Une soupape réglée normalement doit présenter des zones de fluorescence verte dans la région de l'enceinte voisine de la cathode en même temps qu'une luminosité rose au voisinage de l'anode.

Quand la région de fluorescence verte prédomine au point d'envahir presque toute l'enceinte, la soupape est trop dure, et le gaz doit être régénéré. Au contraire, quand la fluorescence verte a disparu, la soupape est trop molle et l'on doit diminuer la pression du gaz en se servant de l'osmorégulateur muni de son manchon de platine.

La soupape Pilon est construite d'une manière analogue à la soupape Villard. Elle n'en diffère que par la forme de l'enceinte et de la cathode (fig. 48).

On peut, d'ailleurs, faire le réglage des soupapes à onde par tous les dispositifs que nous avons indiqués pour le réglage de la pression des gaz dans les ampoules.

Soupapes à étincelles dans l'air. — Ces soupapes consistent simplement en une série de plateaux d'aluminium, maintenus à écartement convenable par des cales isolantes et munis chacun d'une pointe également en aluminium (fig. 49).

Ils fonctionnent comme une série de soupapes en cascade, dans chacune desquelles la cathode est constituée par la partie plane du plateau, et l'anode par la pointe du plateau voisin. On obtient une sélection suffisamment complète des ondes avec un nombre de plateaux variant de quatre à six.

Ces soupapes ont sur les soupapes à enceinte raréfiée le grand avantage de ne nécessiter aucun réglage de pression, la décharge se faisant toujours à l'air libre. Il suffit de nettoyer les plateaux lorsqu'après un long temps de marche, ils présentent des traces d'oxydation.

Branchement des soupapes. — On peut faire le branchement des soupapes dans le circuit des ampoules de deux façons différentes :

1° En reliant l'anode de la soupape (petite élec-

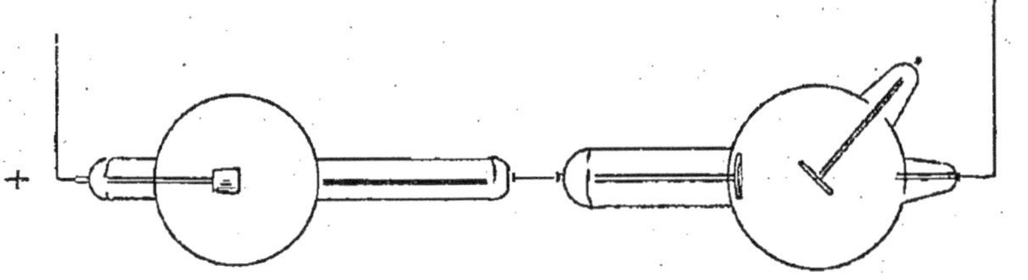

Fig. 49 bis.

trode) à la cathode de l'ampoule (fig. 49 *bis*);

2° En reliant la cathode de la soupape (grande électrode) à l'anticathode de l'ampoule.

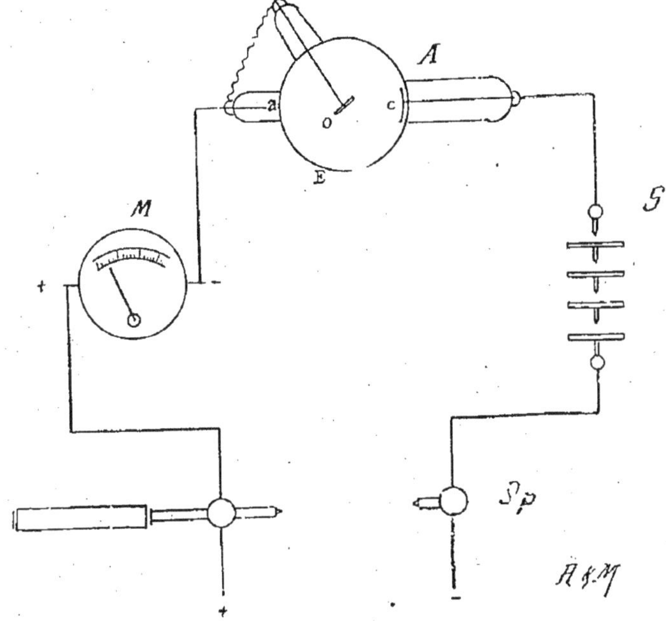

Fig. 50. — Schéma de montage d'un circuit à haute tension.

On dénomme couramment ces deux modes de liaison, le premier « queue à queue », le second « boule à boule ».

On verra d'ailleurs, dans la figure 50, le schéma du montage d'un circuit à haute tension sur bobine d'induction.

Le courant traverse successivement en partant de l'une des bornes :

le milliampèremètre M ;

l'ampoule radiogène A ;

la soupape S,

et retourne à l'autre borne.

La soupape peut être placée avant ou après le tube, suivant que l'on adopte l'un des modes de liaison indiqués ci-dessus.

Le spintermètre Sp est toujours relié directement aux bornes de la bobine, formant, lors de l'étincelle, un circuit indépendant de celui de l'ampoule.

Autre montage. — Au lieu de brancher la soupape entre le tube et le spintermètre, lorsqu'on emploie une soupape à vide, il y a intérêt à brancher celle-ci entre l'une des bornes de la bobine et celle du spintermètre. De cette façon si on veut essayer le fonctionnement de la soupape seule, il suffit de rapprocher les deux tiges du spintermètre. En outre le milliampèremètre se trouvant en dehors du circuit ne risque pas d'être détérioré par un excès d'intensité résultant du passage du courant seulement dans la soupape.

§ 7. — Ampoule Coolidge.

L'ampoule Coolidge dont l'entrée dans la pratique est très récente (1914) représente le progrès le plus sérieux qui ait été obtenu dans la construction des ampoules à rayons X.

Elle présente sur tous les autres types les avantages suivants :

1° L'opérateur peut à tout moment et instantanément obtenir la qualité et la quantité de rayonnement qu'il veut et passer d'un rayonnement dur à un rayonnement mou, ou inversement.

2° Le fonctionnement de l'ampoule une fois réglé se maintient très longtemps au même régime et par conséquent donne une qualité et une quantité de rayonnement constantes, sans qu'il y ait à faire aucune manœuvre de régénération ou autre.

(L'ampoule ne comporte d'ailleurs pas de régénérateur de gaz.)

3° L'intensité du rayonnement peut atteindre faciment une limite bien supérieure à celle des ampoules ordinaires, ce qui est précieux pour la radiographie instantanée.

Cependant en raison du dispositif électrique particulier qu'elle nécessite, et surtout en raison de son prix actuellement élevé, l'ampoule Coolidge ne peut être utilisée que dans des postes fixes où l'on peut établir une installation électrique commode et bien isolée, et où les chances de bris de l'ampoule seront réduites au minimum.

Principe du fonctionnement. — Nous avons vu (page 6 et suivantes), comment dans les ampoules ordinaires à rayons X, la décharge électrique se produit par l'intermédiaire des électrons empruntés aux molécules gazeuses contenues dans l'ampoule. Dans l'ampoule Coolidge le vide est poussé à un degré tel que le nombre de molécules gazeuses restant dans l'enceinte est insuffisant pour que puisse se produire l'ionisation nécessaire à une pareille décharge, même avec les différences de potentiel les plus élevées que l'on sache produire pratiquement. Le passage du courant dans l'ampoule se fait, non plus grâce aux électrons provenant des gaz de l'enceinte, mais grâce à des électrons libérés par une cathode de forme spéciale, portée à l'incandescence par un procédé que nous verrons plus loin.

On sait en effet que les corps conducteurs portés à l'incandescence émettent des particules douées de charges négatives. Le nombre de particules émises est fonction de la surface du corps incandescent et de sa température. Il croît rapidement avec la température suivant une loi déterminée (loi de Richardson).

Par suite de la chute de potentiel considérable qui existe dans l'espace restreint compris entre la cathode et l'anode, les particules chargées négativement, émises par la cathode, se précipitent avec une vitesse considérable sur l'anticathode (qui est en même temps anode), ce bombardement de l'anticathode identique à celui qui se produit dans les ampoules ordinaires par les particules empruntées au gaz, donne lieu également au phénomène secondaire qui est l'émission des rayons X par l'anticathode.

Sous sa forme actuelle, le tube Coolidge est constitué par une enceinte de verre, de même forme et de mêmes dimensions que celles des ampoules intensives ordinaires, munie seulement de deux tubulures l'une pour la cathode, l'autre pour l'anticathode qui sert aussi d'anode.

La cathode est constituée par une spirale en fil de tungstène supportée par deux tiges de molybdène qui la relient par l'intermédiaire de deux fils de platine traversant le verre, à une batterie d'accumulateurs séparée du sol par un isolement suffisant pour supporter le potentiel maximum du secondaire de la bobine. Un rhéostat intercalé entre cette spirale et la batterie permet de régler l'intensité du courant qui traverse la spirale, et de régler par suite sa température.

L'anticathode est constituée par un gros bloc de tungstène pesant environ 100 grammes, supporté par une tige de molybdène. La face terminale du bloc de tungstène est plane et inclinée à 45° sur l'axe du faisceau cathodique. Il n'y a dans le type actuel aucun dispositif de refroidissement de l'anticathode, celle-ci perd sa chaleur uniquement par rayonnement, et peut d'ailleurs être portée au rouge blanc.

Le vide de l'ampoule est poussé aussi loin qu'on puisse le faire avec la pompe ou trompe à mercure (vide de Hittorf). Contrairement à ce que l'on fait pour les ampoules ordinaires, on cherche à extraire totalement tous les gaz occlus dans le verre et les électrodes pour supprimer d'une façon absolue tout dégagement ultérieur.

L'ampoule Coolidge peut fonctionner indifféremment sur une bobine avec interrupteur ou sur un transformateur à contact tournant. Néanmoins si on a le choix, on adoptera de préférence la bobine lorsque l'on aura besoin d'obtenir une grande dureté de rayonnement. On prendra dans ce cas une bobine donnant 25 à 30 centimètres d'étincelle à circuit ouvert.

Lorsque l'ampoule Coolidge fonctionne sur bobine, elle doit être, comme toute autre ampoule, munie

d'une ou mieux de deux soupapes d'onde placées en
série (voir schéma de montage, fig. 51). Il est indispensable d'employer des soupapes intensives construites
spécialement pour supporter de fortes intensités ; de

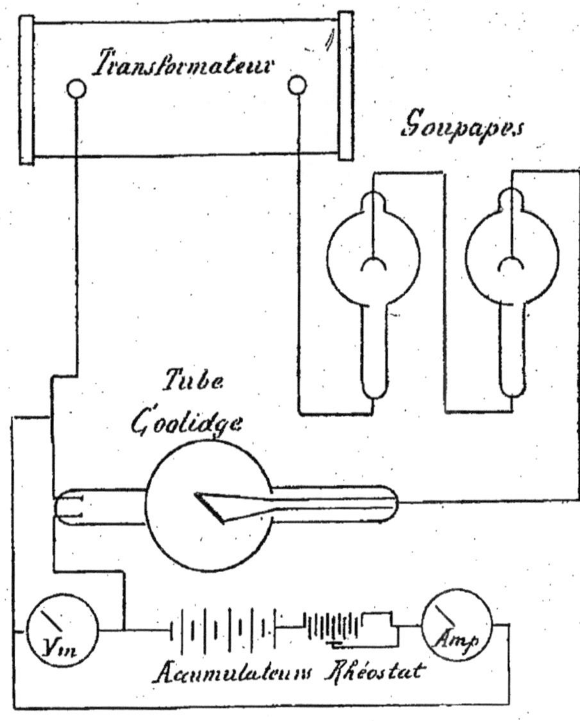

Fig. 51. — Schéma de montage électrique de l'ampoule Coolidge.

nombreux déboires sont à craindre si l'on tente de
faire usage des soupapes ordinaires.

La batterie d'accumulateurs, nécessaire au chauffage
du filament de tungstène formant la cathode, doit
comporter 5 éléments d'une capacité d'au moins
40 ampères-heures. On emploie pour régler le cou-

rant fourni par cette batterie un rhéostat à curseur, que l'on manœuvre à l'aide d'une canne de bambou de 1 à 3 mètres de long. Un ampèremètre, permettant d'apprécier l'intensité à 1/20 d'ampère près, et un voltmètre servent à indiquer les caractéristiques du courant fourni à la spirale.

L'ensemble de la batterie d'accumulateurs, du rhéostat et des appareils de mesure, doit être isolé du sol pour une tension correspondant au maximum de ce que peut donner la bobine. On placera par exemple le tout dans une caisse portée par des pieds en porcelaine à cannelures transversales ayant au moins 20 centimètres de hauteur.

Les pieds doivent reposer sur un sol très sec, ou sinon être séparés du sol par des cales de bois sec ou de paraffine.

Pour supprimer l'entretien que nécessitent les batteries d'accumulateurs (signalons à ce propos qu'il ne faut jamais laisser descendre le voltage à moins de. 1^v,8 par élément, ni laisser longtemps une batterie déchargée), on a tenté de remplacer cette source de courant par un transformateur à basse tension fournissant à la spirale de tungstène du courant alternatif. Ce procédé applicable seulement sur les installations à contact tournant, à cause de la nécessité d'un courant alternatif à l'origine présente des inconvénients résultant des variations de voltage qui se produisent constamment sur le circuit primaire.

Il ne sera recommandable que lorsque les constructeurs auront réalisé un transformateur à compensation qui donne automatiquement une tension constante au secondaire malgré les variations du primaire.

Le montage de l'ampoule elle-même sur son support ne présente aucune particularité. On recommande de soutenir l'ampoule dans ses supports en la prenant seulement par ses parties métalliques et de la nettoyer en promenant un linge autour de l'ampoule sans mouvement parallèle à l'axe.

La cupule doit être en cristal épais ou en fibrite plombée dure, ne se ramollissant pas sous l'influence de la radiation calorifique intense émise par l'anticathode portée au rouge blanc par le bombardement cathodique.

En raison de la puissance du rayonnement du tube Coolidge, on ne devra considérer la cupule que comme un moyen incomplet de protection, et prendre des précautions supplémentaires (écrans de plomb, tabliers protecteurs, gants de plomb), pour protéger les opérateurs soumis à un voisinage répété.

Pour faire fonctionner l'ampoule on commence par porter l'anticathode à l'incandescence, puis on fait passer la décharge.

En principe la dureté des rayons est fonction seulement de la différence de potentiel donné par la bobine ou le transformateur, et par conséquent de l'intensité fournie au primaire de la bobine ou du transformateur. D'autre part, la quantité de rayonnement dépend uniquement de la quantité d'électrons libérés par la cathode incandescente et par conséquent est une fonction croissante de cette température. On devrait donc pouvoir régler la dureté en agissant sur le rhéostat de la bobine et la quantité en agissant sur le rhéostat de chauffage de la cathode. En pratique ces deux réglages ne sont pas complètement indépendants, car

lorsque l'intensité du courant à haute tension débité
dans l'ampoule augmente, la différence de potentiel
aux bornes de la bobine diminue, à moins que l'on
augmente le courant primaire. Néanmoins on pourra
adopter les deux règles suivantes :

1° Pour obtenir un rayonnement très dur, employer
le maximum de courant primaire dans la bobine et le
minimum de courant de chauffage de la cathode ;

2° Pour obtenir un rayonnement mou, employer le
minimum de courant primaire à la bobine, et le maximum de courant de chauffage de la cathode.

§ 8. — Appareils de mesure.

Les appareils de mesure utiles en radiologie sont de
deux ordres différents :

1° Appareils de mesure des qualités du courant
électrique ;

2° Appareils de mesure des qualités de rayonnement.

On admet, ce qui, en pratique, est suffisamment
approximatif, que la quantité de rayonnement émise
par une ampoule de dureté constante, est proportionnelle à l'intensité du courant électrique qui la traverse ;
par conséquent, les mesures d'intensité électrique du
circuit de l'ampoule servent de base à l'appréciation
des quantités de rayonnement. En supposant mesu-
rée, d'autre part, la qualité de ce rayonnement, on
peut, comme nous le verrons plus loin, déterminer à
l'aide de barêmes, les temps de pose nécessaires en
radiographie pour les différents sujets.

Nous allons examiner dans ce qui suit, les différents appareils de mesure adjoints aux installations radiologiques.

Voltmètre, ampèremètre. — On emploie sur le courant primaire de l'appareil transformateur un voltmètre indiquant la tension utilisée sur ce primaire, et un ampèremètre indiquant l'intensité qui le traverse.

Ces appareils peuvent pratiquement fonctionner indifféremment sur continu ou alternatif lorsqu'ils sont à système électro-magnétique. Au contraire, les appareils à courant continu à aimant ne donnent aucune indication sur courant alternatif.

Il est important de signaler qu'on doit monter :

les voltmètres en en réunissant les bornes directement aux bornes de l'appareil dans lequel on veut mesurer la tension produite ou utilisée;

les ampèremètres, en les intercalant dans le circuit même où l'on veut mesurer le débit, de la même façon qu'on intercalerait un compteur sur une conduite d'eau ou de gaz.

Milliampèremètre. — La mesure de l'intensité du courant secondaire se fait au moyen d'un appareil gradué en millièmes d'ampère (milliampères), d'où son nom de milliampèremètre.

Cet appareil, de même que l'ampèremètre sur le primaire, s'intercale sur le circuit secondaire.

Spintermètre. — La tension du courant secondaire est trop élevée pour que l'on puisse la mesurer à l'aide

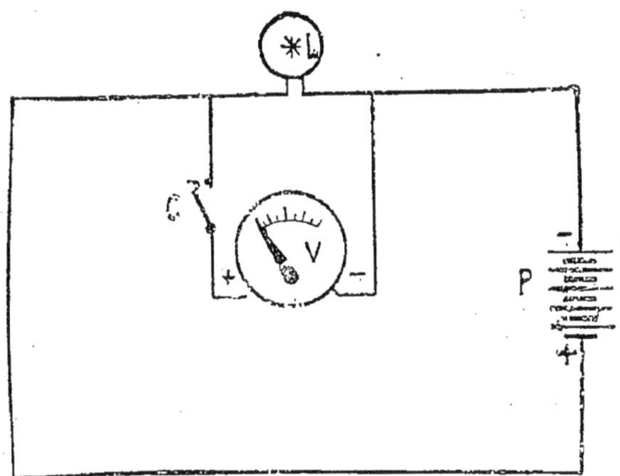

FIG. 52. — Branchement d'un voltmètre.

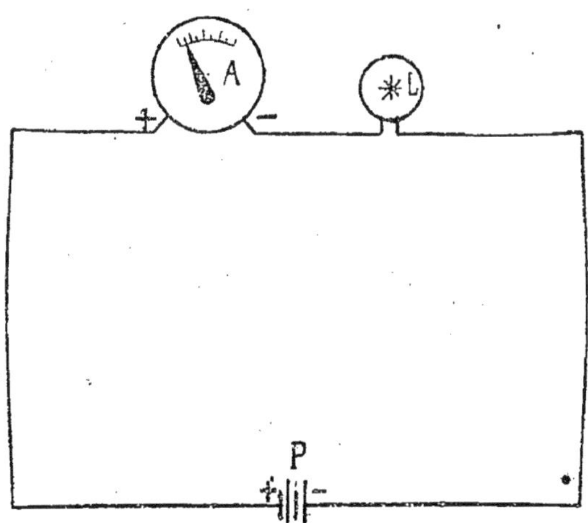

FIG. 53. — Branchement d'un ampèremètre.

d'un voltmètre comme celle du primaire : on a recours
à un procédé empirique qui consiste à mesurer la longueur maximum d'étincelle que peut donner cette
tension. Cette longueur d'étincelle est fonction de la

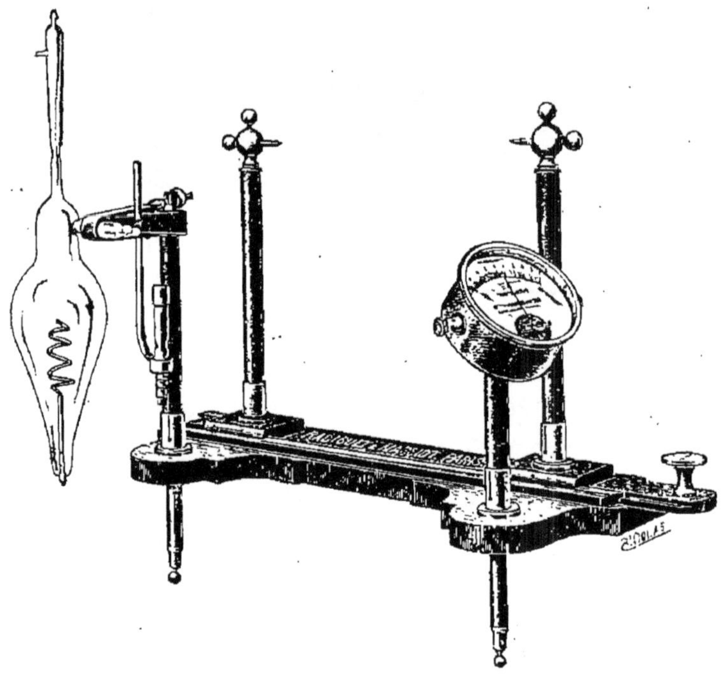

Fig. 54. — Distributeur de haute tension avec spintermètre.

tension, mais elle l'est aussi de la forme des électrodes
entre lesquelles elle jaillit et de l'état hygrométrique
et d'ionisation de l'air. Néanmoins, on obtient ainsi
des indications suffisamment comparables. L'appréciation des longueurs d'étincelle se fait au moyen d'un
dispositif nommé spintermètre (fig. 54), qui consiste
en deux tiges horizontales terminées par deux pointes

en regard, et dont l'une est fixe, l'autre mobile et pourvue d'une graduation en centimètres permettant de voir la distance entre les pointes.

Pour mesurer l'étincelle maximum d'une bobine, on place les pointes à faible distance, 5 centimètres, par exemple, puis on fait jaillir l'étincelle et on les écarte doucement jusqu'à ce que l'étincelle ne jaillisse plus que très irrégulièrement. On lit à ce moment sur la graduation mobile la distance en centimètres.

On mesure par le même dispositif la longueur dite d'*étincelle équivalente* d'une ampoule. Pour cela, on fait fonctionner l'ampoule, les pointes du spintermètre étant écartées au maximum, puis on les rapproche jusqu'à ce que la décharge se fasse tantôt dans l'ampoule, tantôt dans l'air. La mesure de l'étincelle équivalente d'une ampoule permet de constater si l'ampoule a varié en dureté, la dureté croissant évidemment avec la longueur d'étincelle équivalente.

Dans le cas d'installation par « contact tournant », on peut apprécier le voltage du secondaire par le voltage du courant primaire, il suffit alors d'intercaler un voltmètre dans le circuit primaire.

Radiochromomètre de Benoît. — La mesure de la dureté d'une ampoule peut se faire approximativement par la longueur d'étincelle équivalente. Mais en pratique on ne se contente pas de ce procédé, on mesure la dureté du rayonnement par un procédé également empirique d'ailleurs, mais qui a l'avantage d'être basé directement sur les propriétés de ce rayonnement. L'appareil employé, le radiochromomètre de Benoît, est fondé sur ce principe que la perméabilité

des corps aux rayons X est une fonction de la dureté
de ces rayons, fonction très variable suivant les corps.
C'est ainsi que la perméabilité de l'argent augmente
peu avec la dureté, celle de l'aluminium au contraire
augmente rapidement.

On conçoit donc que chaque dureté moyenne d'un
rayonnement puisse être caractérisée par le rapport
entre les épaisseurs
d'aluminium et d'argent
qui ont même perméa-
bilité.

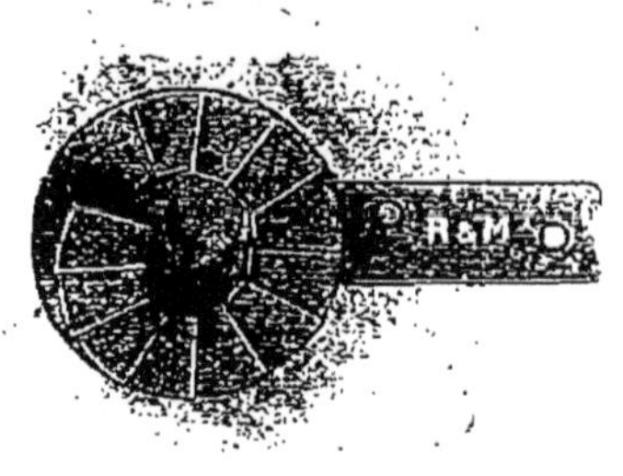

Fig. 55.

Le radiochromomètre
de Benoît (fig. 55) est
formé d'un disque d'alu-
minium divisé en 12 sec-
teurs dont les épaisseurs
croissent de 1 à 12 mil-
limètres. Le centre évidé
est occupé par un disque d'argent de 0 mm. 11 d'épaisseur. On utilise l'appareil en le plaçant soit devant
l'écran fluorescent (entre l'écran et l'ampoule) soit
sur la plaque photographique enveloppée. On obtient,
dans les deux cas, une image où les secteurs d'aluminium présentent une opacité croissante. Le numéro
du secteur qui a même opacité que le disque d'argent sert de caractéristique à la dureté du rayonnement.

Les duretés les plus favorables à la radiologie sont
les nos 6 et 7 de l'échelle de Benoît.

Temps de pose en radiographie. — Les temps de pose nécessaires aux diverses sortes de radiographies doivent être tels que la quantité totale de rayonnement utilisé soit appropriée à la perméabilité du sujet, de sorte que l'impression reçue par la plaque photographique donne après développement la teinte la plus favorable à l'observation des clichés.

On se guide pour établir ces temps de pose sur des barêmes, dans lesquels on admet que la quantité de rayonnement émise est proportionnelle à l'intensité du courant qui traverse l'ampoule, et naturellement au temps de pose. En prenant pour unité le rayonnement émis par le passage d'un courant d'un milliampère pendant une seconde, on pourra approximativement connaître le nombre de milliampères-secondes nécessaires pour chaque partie du corps. Il est évident que l'on doit supposer définies la dureté du rayonnement, la distance de l'anticathode à la plaque et la sensibilité de la plaque photographique.

Le barême ci-contre est établi en supposant :

Distance de l'anticathode au centre de la plaque : 0 m. 60.

Plaques radiographiques de la sensibilité maximum établie pour cet usage.

Corpulence du sujet : taille 1 m. 70, poids 70 kilogrammes.

Radiographies sans écran ni compresseur.

Partie du corps radiographié.	Nombre de milliampères-seconde nécessaires	Dureté la plus favorable (Échelle de Benoît).
Tête de face.	200	7
Tête de profil	130	7
Région nasale	100	6
— maxillaire.	100	6
Vertèbres cervicales	130	6
— dorsales.	100	7
Thorax.	180	7
Sternum	150	6
Épaule	100	7
Vertèbres lombaires	275	7
Sacrum. Coccyx	275	7
Bassin, articulation fémorale . .	275	7
Bras.	50	7
Main	15	7
Cuisse, genou (face)	130	7
Jambe, genou (profil).	80	7
Pied (face ou profil)	30-40	7

Ces indications ne doivent être prises que comme base comparative et très approximative. Trop de facteurs entrent en jeu dans la prise d'un cliché radiographique pour qu'il soit possible de donner une règle fixe. La corpulence, l'âge du sujet, l'état du tube, la distance, la puissance des appareils sont autant de causes qui modifient les temps de pose, dans une limite que, seule, l'habileté de l'opérateur peut apprécier.

Nous devons cependant à l'obligeance de M. le docteur Beauprez, de Douai (Nord), la note suivante que nous reproduisons ici, et qui montre que l'on peut appliquer une formule pour le calcul du temps de pose. Nous laissons à l'auteur le soin d'exposer sa méthode.

Calcul du temps de pose sans écran renforçateur. (Formule du docteur Beauprez.) — « On sait depuis « longtemps que le temps de pose en radiographie est « directement proportionnel au carré de la distance du « *focus* à la plaque.

« D'expériences (1) faites en 1893-94, en collabora- « tion avec mon assistant M. Georges Mati, il paraît « résulter que le temps de pose est en outre :

« *1° Directement proportionnel :*

« α) Au carré des épaisseurs des régions à radio- « graphier ;

« β) A un coefficient spécial que nous avons appelé « coefficient d'installation.

« *2° Inversement proportionnel :*

« α) Au carré du numéro du rayon (mesuré en rayons « Benoît à la sortie de l'ampoule);

« β) au chiffre des milliampères.

« Le coefficient d'installation varie peu avec l'appa- « reillage et dépend plutôt des plaques et du révéla- « teur employé. On le détermine expérimentalement; « avec les appareils courants, des plaques de sensibi- « lité égale à celle de la plaque Lumière étiquette

(1) Expériences que les circonstances ne nous ont pas permis de publier, les clichés et observations étant restés en pays envahi.

« bleue, et un révélateur hydroquinone-métol ordi-
« naire, il est égal à 0,025.

« Si nous appelons P le temps de pose, E l'épais-
« seur de la partie à radiographier, D la distance du
« *focus* à la plaque, K le coefficient dit d'installation,
« R le numéro du rayon et M le chiffre des milliam-
« pères, nous pouvons établir la formule :

$$P = \frac{E^2 \times D^2 \times K}{R^2 \times M}$$

« dans laquelle le temps de pose sera exprimé en se-
« condes.

« Soit à radiographier un genou de profil, de 8 cen-
« timètres d'épaisseur, à 50 centimètres de distance,
« avec du rayon n° 5 Benoît et 5 milliampères : en
« remplaçant dans la formule ci-dessus les lettres
« par les chiffres nous aurons :

$$P = \frac{8^2 \times 50^2 \times 0,025}{5^2 \times 5} = 32 \text{ secondes.}$$

« Si nous voulons radiographier la colonne verté-
« brale dorsale chez un sujet dont le thorax mesure
« sur la ligne médiane, d'avant en arrière, 20 cen-
« timètres d'épaisseur, et si nous opérons dans les
« mêmes conditions que pour le genou, nous calcule-
« rons le temps de pose ainsi qu'il suit :

$$P = \frac{20^2 \times 50^2 \times 0,025}{5^2 \times 5} = 250 \text{ secondes.}$$

« Si chez le même sujet nous voulons radiographier
« le thorax et les poumons, nous devons penser que le
« thorax constitue une cavité remplie d'air, qu'il y a

« approximativement autant de paroi que d'air, et
« nous diviserons le chiffre de l'épaisseur par 2.

« Nous aurons alors :

$$P = \frac{10^2 \times 50^2 \times 0,025}{5^2 \times 5} = 50 \text{ secondes. »}$$

Variations dans les temps de pose. — Nous verrons plus loin que l'interposition de certaines substances, appliquées sous forme d'écran vers la couche
active des plaques photographiques, permet de réduire le temps de pose dans des proportions considérables.

D'autres causes donnent également lieu à des variations de temps de pose, la composition de la couche
sensible par exemple, la nature du support de cette
couche, verre, pellicule, papier et même plaque de
tôle ; enfin les pansements, si l'on n'opère pas à nu, et
les appareils plâtrés nécessitent une appréciation différente des temps de pose.

*En effet, pour un membre à radiographier dans un
appareil plâtré d'épaisseur moyenne, il sera bon d'augmenter les temps de pose d'environ un tiers du temps
indiqué ; certains pansements sont à base d'iodoforme ;
ils ont donné lieu à l'apparition de taches sur le cliché,
il sera donc bon de s'en méfier.*

CHAPITRE IV

L'APPAREILLAGE ACCESSOIRE

§ 1. — TROLLEY, CONDUCTEURS.

Tout service radiologique se complète d'un certain nombre d'appareils accessoires dont on peut faire varier le nombre et la nature suivant l'importance de l'installation dont il s'agit, suivant aussi le but que poursuit le radiologiste.

Comment utiliser le courant. — Nous avons décrit successivement les différentes sources d'énergie à haute tension, il importe de voir comment nous allons utiliser cette énergie, et comment nous l'amènerons à l'ampoule.

Trolley. — Dans une installation à poste fixe, pour amener le courant à l'ampoule, il est extrêmement pratique de monter un « trolley »; on tend, entre les deux murs opposés de la salle de radiographie, deux fils écartés de 40 à 50 centimètres environ l'un de l'autre, et auxquels aboutissent les deux pôles de la source à haute tension.

Ces fils d'acier ou de cuivre écroui sont isolés des murs, soit au moyen de bâtons en ébonite portant des crochets enfilés dans des pitons (pitons golo) munis de tendeurs analogues à ceux employés dans la construction des aéroplanes, soit de ressorts à boudin suffisamment puissants, soit plus simplement enfin au

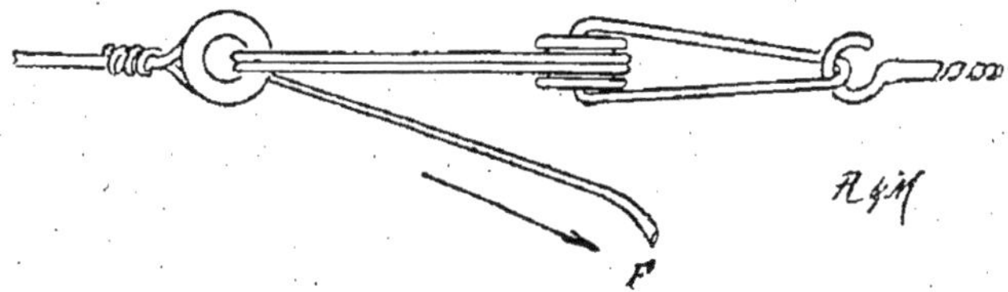

Fig. 56. — Un tendeur de trolley improvisé.

moyen de poulies en porcelaine réunies par une ficelle sur l'extrémité libre de laquelle on peut tirer pour avoir une tension convenable.

Ces deux fils permettent de connecter en un point quelconque les conducteurs qui amènent le courant à l'ampoule.

Conducteurs. — Nombreux sont les genres de conducteurs employés à cet usage. Bien qu'un fil quelconque de sonnerie par exemple puisse servir, il est bon dans l'intérêt même de la conservation des attaches des ampoules, qui sont quelquefois fragiles, de choisir du fil assez souple.

Pratiquement, aucun isolement ne résiste à la tension très élevée du courant qui alimente l'ampoule, il est donc bon d'éviter les croisements, et surtout il est nécessaire de ne pas laisser les conducteurs toucher à des parties métalliques du porte-ampoule.

On peut utiliser avantageusement les conducteurs Muret dont l'isolement spécial est assez résistant ou, à défaut, des fils analogues à ceux qui servent pour relier à la magnéto les bougies d'allumage de moteurs automobiles.

On emploie aussi, fréquemment, des conducteurs constitués par des ressorts à boudin en cuivre, très souples, qui peuvent se tirer facilement et revenir à leur dimension primitive.

Enfin, on a préconisé aussi des conducteurs analogues aux mètres qui se rembobinent seuls sous l'action d'un ressort spirale tendu et disposé dans un petit boîtier; ils sont connus sous le nom de conducteurs Zimmern.

§ 2. — SUPPORTS D'AMPOULES ET TABLES D'OPÉRATION.

Supports d'ampoules. — Il existe un nombre considérable de modèles de pieds-supports d'ampoules. Le plus simple consiste en une tige métallique le long de laquelle s'installe une sorte de potence en bois portant une pince à son extrémité.

La tige principale peut être montée sur un socle en fonte (fig. 57) ou comme dans certains postes transportables, sur une équerre vissée le long de la caisse même de la bobine (fig. 58) qui forme socle pesant.

Mais la légèreté de ces appareils ne permet de soutenir aucun système de protection; les pieds de ce genre ne peuvent donc servir que dans les installations où l'on n'opère pas continuellement et où la radiographie seule est employée.

Il est indispensable que le praticien soit protégé

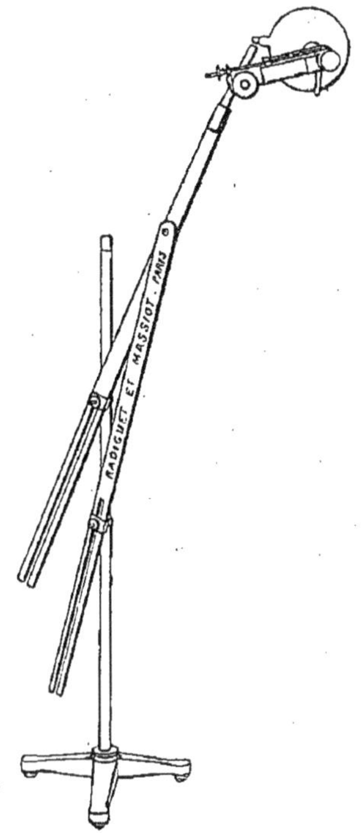

Fig. 57.

des radiations qui s'échappent de tous les côtés de la zone active du tube, et c'est pourquoi ce dernier est le plus généralement engainé dans une cupule en verre au plomb, ou en toute autre matière imperméable aux rayons X.

Un modèle que nous avons vu maintes fois adopter correspond à la figure 59.

Il permet une orientation facile dans tous les sens,

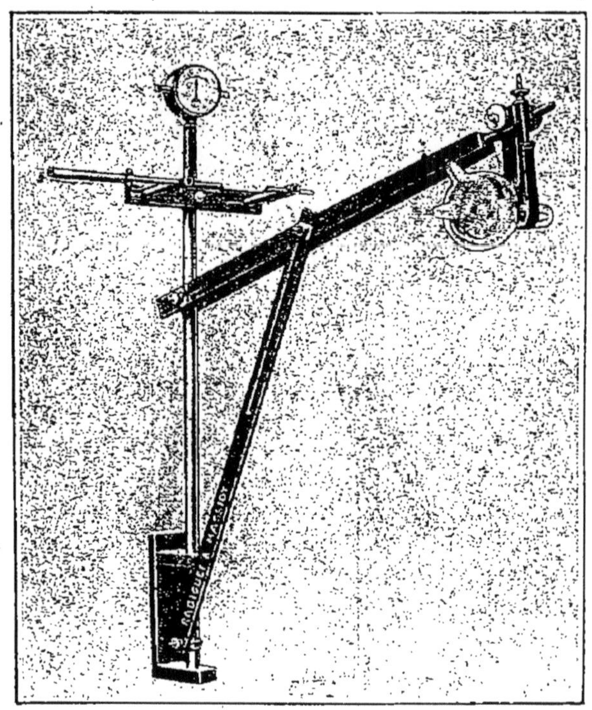

Fig. 58.

grâce à la disposition de la pièce qui soutient la cupule.

Lorsque les crédits le permettent, un excellent modèle, très répandu dans les services radiographiques, est celui du constructeur Drault. Par une heureuse disposition de bras mobiles en tous sens, il est possible de faire de la radiographie ou de la radioscopie. Pour cela, un bras horizontal s'adapte à la partie

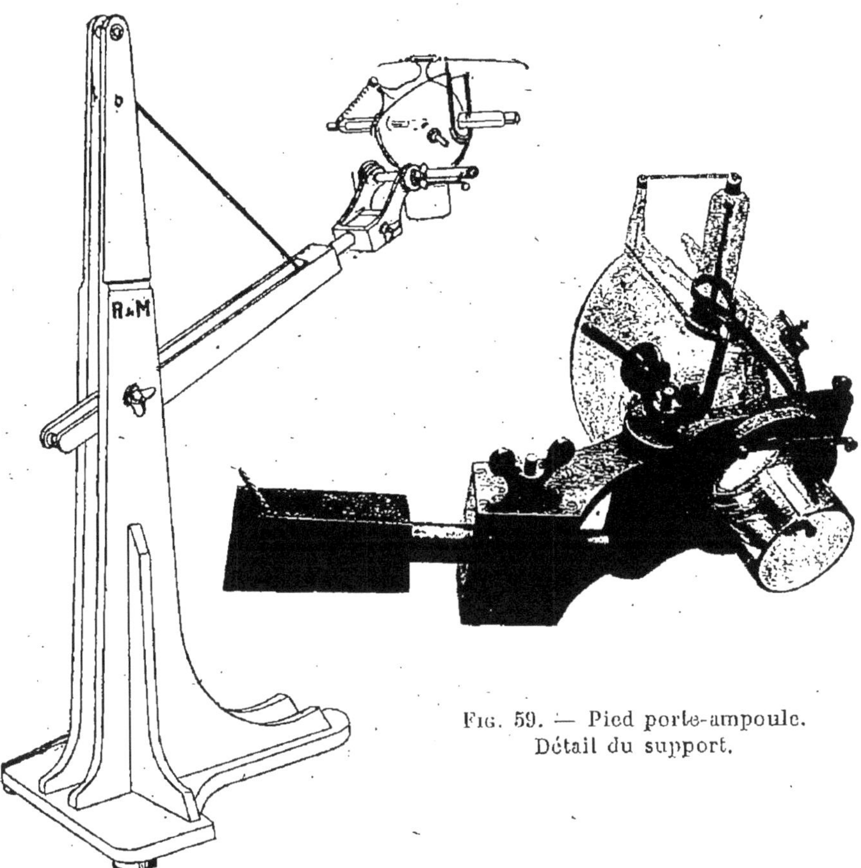

FIG. 59. — Pied porte-ampoule. Détail du support.

supérieure et permet de fixer l'écran qui est alors pendu à des cordes reliées à un contrepoids (fig. 60).

Signalons enfin, mais sans nous y arrêter, le cadre du docteur Guilleminot (fig. 61), qui est plus spécialement destiné aux examens radioscopiques du sujet

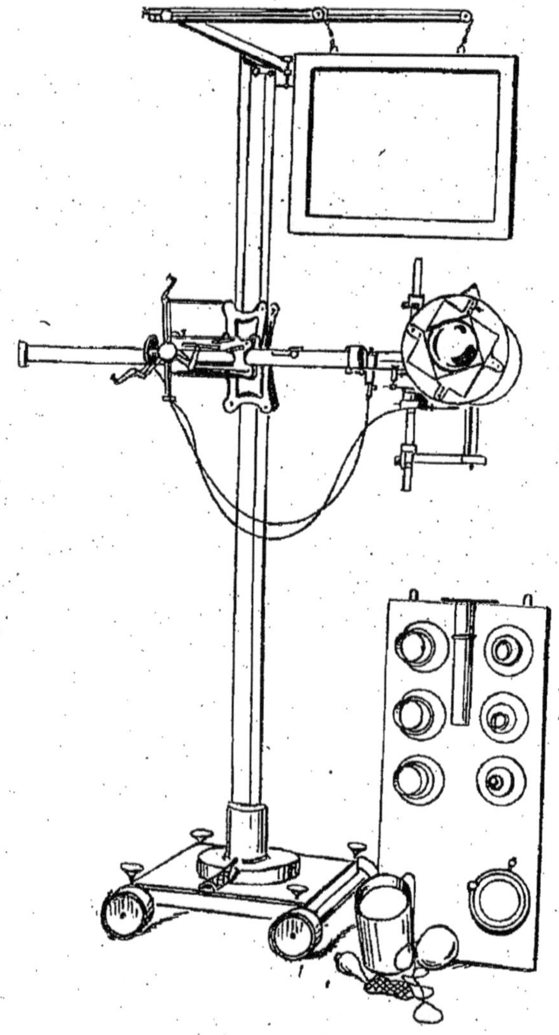

Fig. 60. — Le pied Drault.

debout, et auquel vient d'être adjoint un système de

localisation fort ingénieux, que nous décrirons au chapitre spécial.

FIG. 61. — Cadre du docteur Guilleminot.

Le complément indispensable à tout système de porte-ampoule est le support de plaque radiographique et du blessé.

On a créé dans ce but des fauteuils spéciaux ou des lits permettant d'immobiliser le blessé dans une position déterminée, on se contente le plus souvent d'une table quelconque assez longue pour que le blessé puisse reposer à plat. A la rigueur, on peut se contenter d'un simple brancard dont les poignées sont posées sur deux tréteaux. Mais ces dispositifs de fortune rendent souvent assez difficile le placement de la plaque radiographique contre la région à radiographier qui doit y adhérer aussi complètement que possible.

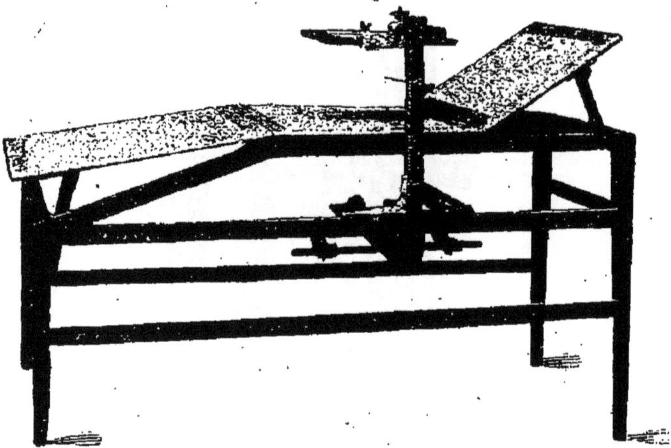

Fig. 62. — Table d'opération radiographique ou radioscopique.

Table d'opération fixe. — Toutefois les tables d'opération ne servent pas uniquement à la radiographie, l'emploi généralisé de la localisation radioscopique rapide, le contrôle sous l'écran des extractions de projectiles, ont conduit à étudier des tables spéciales servant à toutes fins utiles, avec ou sans pied porte-ampoule indépendant. Nous donnons la figure d'un de ces modèles, dont le plateau supérieur peut prendre des inclinaisons variables du côté de la tête ou des pieds. Un système de tasseaux inférieurs sur lesquels glisse un châssis intermédiaire, permet de déplacer l'ampoule en tous sens. Un porte-écran muni d'un système de localisation très simple s'adapte également à cette table et suit les mêmes déplacements que l'ampoule,

Table pliante universelle Massiot. — La stabilisation des postes radiologiques d'une part, et l'extension des procédés d'extraction de projectiles sous le contrôle des rayons X ont conduit à la conception d'un matériel un peu différent de ceux qu'on avait coutume d'employer soit dans les installations à poste fixe pouvant être appelées à se déplacer un jour, soit dans les installations essentiellement mobiles.

Pour les secondes, le lit repliable Massiot semble répondre exactement au programme et nous nous étendrons plus loin sur sa description.

Pour les premières, la table fixe et le pied métallique traditionnels ne sont pas d'un déménagement très pratique, et pour le contrôle sous les rayons, le pied présente de telles incommodités qu'il a fallu adjoindre un système de porte-ampoule aménagé spécialement sous le lit et se déplaçant par des mouvements doux et facilement accessibles.

La dernière table Massiot, dont viennent d'être dotées les nouvelles formations (groupes complémentaires de chirurgie), répond, croyons-nous, exactement à tous les desiderata, aussi nous permettons-nous d'en donner une description assez complète.

Tout d'abord, pour faciliter l'examen total du blessé, les dimensions qui ont été imposées par la Direction du Service de santé (1 m. 95 × 0 m. 70) et les courses latérales et transversales de l'ampoule sont telles qu'on

Fig. 63. — Vue d'ensemble de la table
disposée pour la radioscopie du sujet couché.

peut irradier le blessé de la tête aux pieds, ainsi que d'une épaule à l'autre.

Le plateau supérieur, de 15 millimètres d'épaisseur, en bois contreplaqué et aussi homogène que possible, se laisse facilement traverser par les rayons X.

FIG. 64. — Détails du chariot inférieur et du porte-écran.

Les pieds, qui soutiennent ce plateau, sont montés à charnières et se replient en dessous pour rendre le transport facile, des vis s'engageant dans des écrous fixés contre la ceinture assurent une rigidité absolue quand la table est dressée.

Le long d'un des côtés de la table et presque au niveau supérieur, un rail reçoit un bâti vertical, qui roule longitudinalement, prenant point d'appui en haut sur des galets, en restant guidé en bas par un autre rail placé à champ.

Vers le tiers supérieur, un cadre dont le grand axe est horizontal, est monté à pivot et peut être immobilisé suivant une orientation convenable. Du côté opposé, le cadre roule sans porte-à-faux sur un galet qui repose sur un dernier rail.

Ce cadre porte un chariot qui peut glisser dans le sens latéral de la table. Il porte en dessous un système d'accrochage pour la cupule porte-ampoule et ses pinces et reçoit en dessus le diaphragme à ouverture rapide dont la commande est faite par un long manche isolant. Tous les mouvements de déplacement de l'ampoule peuvent donc être obtenus, y compris son orientation, qui présente un intérêt particulier dans l'application de certaines méthodes d'extraction.

Le bâti mobile, dont il vient d'être question, est muni de colliers destinés à recevoir une colonne qu'on peut fixer en un point convenable au moyen d'un serrage.

Le long de cette colonne un croisillon dont on peut également régler la hauteur, maintient un tube horizontal dont les déplacements latéraux sont obtenus par un pignon engrenant sur une crémaillère.

L'extrémité opposée à la crémaillère reçoit un bras
à charnières pour maintenir l'écran radioscopique en
position d'examen ou d'attente.

Fig. 65. — Disposition générale de la table et du porte-ampoule
pour la radiographie.

Des divisions tracées, sur le côté de la table, le long
du cadre inférieur, et sur la colonne verticale, permettent d'apprécier les distances relatives des divers
éléments et leurs déplacements. Un frein immobilise
au besoin l'ensemble à un endroit déterminé.

FIG. 66. — Détail de la commande du bras horizontal,
du porte-tube, et de la cupule avec son diaphragme.

La disposition générale, dont nous venons de donner la description et qui répond à la figure 63, est celle adoptée pour les examens radioscopiques du sujet couché. Par une transposition simple des mêmes organes, il est facile de les installer pour faire de la radiographie, l'ampoule en dessus. Il suffit pour cela de démonter le porte-cupule de son chariot inférieur en desserrant légèrement les écrous qui le maintiennent dans les tiges emmanchées à baïonnette, de retirer le porte-écran de son bras horizontal, et d'y substituer le collier porte-cupule dont on choisira l'orientation à son gré. (Voir fig. 65 et 66.)

Enfin, le même appareillage pourra servir aux mêmes usages qu'un pied métallique ordinaire. Radiographie de profil, en disposant le croisillon de sorte que le bras horizontal soit parallèle au grand côté de la table, et que la cupule soit décalée de 90 degrés. Radioscopie d'un sujet assis sur une chaise, ou debout à côté de la table (fig. 67).

Il n'a pas été prévu de contrepoids ni de câble de rappel pour régler la hauteur de la cupule dans le cas de radioscopie debout, c'eût été compliquer un peu le montage et le démontage de l'ensemble, mais évidemment une telle adjonction peut être apportée sans grande difficulté.

Un système de trolley tendu à la partie inférieure de la table sert à l'alimentation du tube.

D'autre part, comme, au cours d'une intervention chirurgicale consécutive aux examens radioscopiques, il est intéressant que le radiologue reste le moins longtemps possible soumis à l'action nocive des rayons X, un interrupteur commandé au pied permet d'interrompre ou de mettre en marche le tube pendant le temps strictement nécessaire à chaque examen.

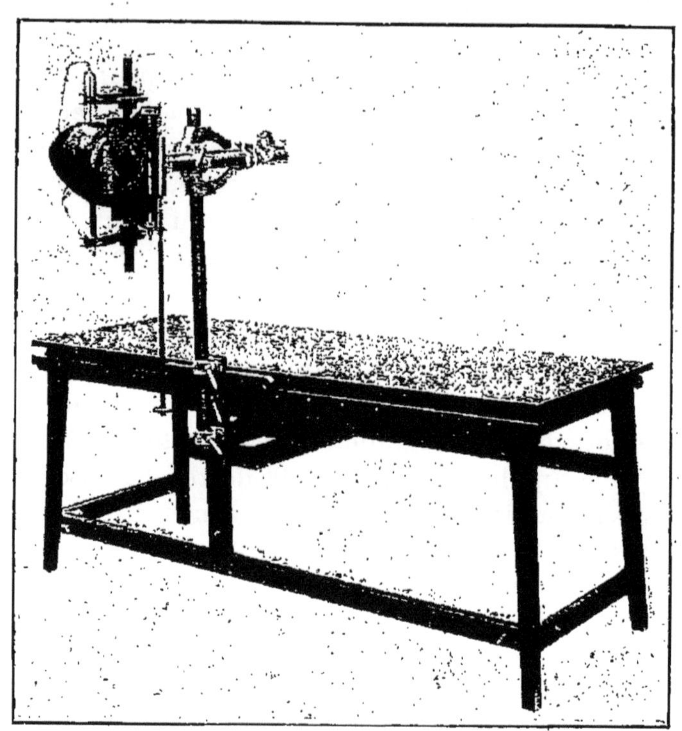

Fig. 67. — Disposition générale des appareils
pour la radioscopie debout.

Le courant interrompu qui alimente le primaire du transformateur est amené par deux bornes à deux des rails de la table ; de la sorte, on évite l'inconvénient des fils qui traînent à terre, sous les pieds des expérimentateurs. Si donc l'appareillage doit franchir le seuil de la salle d'opération, on reconnaîtra, par cette précaution, que tous les efforts ont été faits pour rendre aussi nettes que possible les approches de la table où le chirurgien doit avoir toutes ses aises.

Lit repliable Massiot. — L'étude d'un matériel radiologique de campagne a fourni l'occasion de créer une disposition de table d'opération et de porte-ampoule

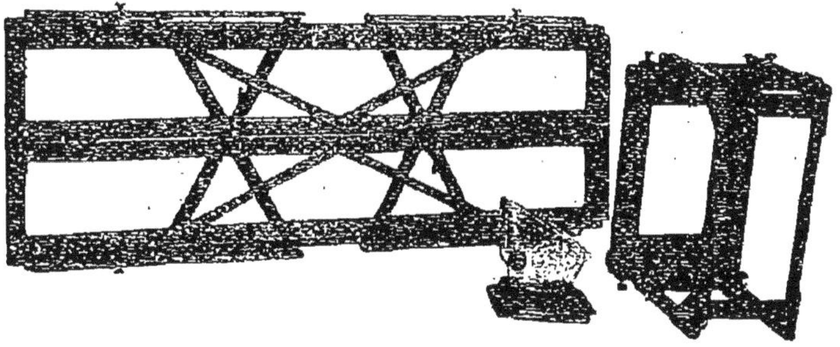

Fig. 68. — Le lit plié; sa cupule et son porte-cupule.

qui réunit toutes les conditions de rigidité et de commodité désirables. Un pied léger, répondant aux nécessités d'un matériel transportable est par ce fait même instable, un pied lourd au contraire est stable mais difficile à transporter. Il fallait donc concilier ces exigences contraires; nous croyons avoir résolu la question en créant une table d'opération repliable entièrement en bois, à la fois légère et rigide supportant à elle seule, le blessé, l'écran ou la plaque, et l'ampoule, qui sont invariablement liés pendant l'opération.

Le lit Massiot permet de faire une installation rapide, se prêtant également bien à toutes les opérations ainsi qu'à tous les examens du sujet, debout ou couché, même sur le sol le plus rugueux de l'étable qui souvent forme la salle d'opérations du radiologiste au front.

L'emploi presque exclusif du bois dans la construction d'un tel appareil présente de sérieux avantages :

Économie d'abord et commodité de pouvoir laisser traîner les conducteurs contre les parois du lit et du porte-ampoule sans crainte de faire des courts-circuits ou d'électriser le malade dans une installation hâtive.

Description du lit. — Le lit se compose essentiellement d'un châssis principal aux deux côtés duquel sont montés à charnières, deux autres châssis de même longueur que le premier, et mesurant environ 0 m. 30 de hauteur. Ces deux châssis sont maintenus perpendiculaires au premier, au moyen des pieds mêmes du lit qui se prolongent au delà de leur centre de rotation.

Chacune des traverses de ces deux châssis est munie de tasseaux formant glissières. Les glissières supérieures reçoivent une série de planches de largeur convenable, toutes indépendantes. L'ensemble de ces planches, élevé d'environ 0 m. 80 du sol, forme le lit même sur lequel on pose le blessé ainsi placé à une hauteur convenable pour que le radiographe opère facilement.

Montage (fig. 69). — La rapidité de mise en batterie de toute installation mobile étant un facteur important, nous conseillons de procéder de la façon suivante qui est la plus simple lorsqu'on est seul.

On pose le lit à plat par terre, les pieds en dessous.

On relève un des bouts en basculant le pied double correspondant jusqu'à ce qu'il soit à peu près perpendiculaire au sol. On relève l'autre extrémité en basculant de même l'autre pied double. Ceci fait, on saisit

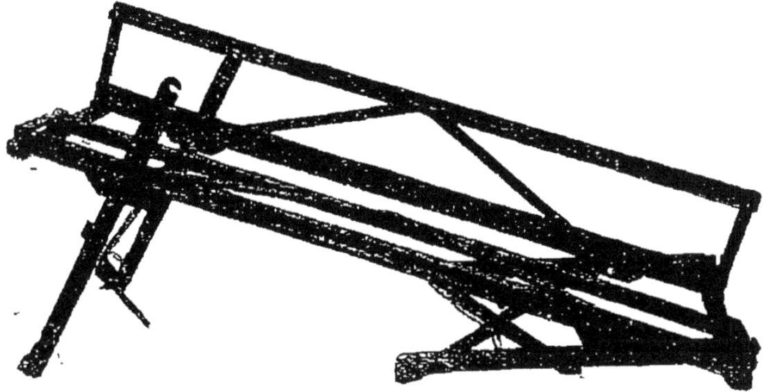

Fig. 69. — Le lit en cours de dépliage.

les deux châssis à charnières et on les ouvre complètement.

On desserre les écrous de fixation pour permettre le libre passage des pattes en fer qui terminent les parties supérieures des pieds. On engage les encoches de ces deux pattes à la fois en soulevant légèrement le lit et en attirant vers soi le croisillon du bas avec la pointe du pied.

On serre enfin les écrous et l'on procède de la même façon pour l'autre côté.

On dispose tout ou partie des planches sur le plan supérieur ou sur le plan inférieur suivant les cas.

Utilisation du lit en radiographie (fig. 70). — Le lit se trouve ainsi prêt à recevoir le blessé ; pour supporter l'ampoule, le lit reçoit une pièce de bois en forme de pont, qui permet de placer le tube, soit au-dessus de

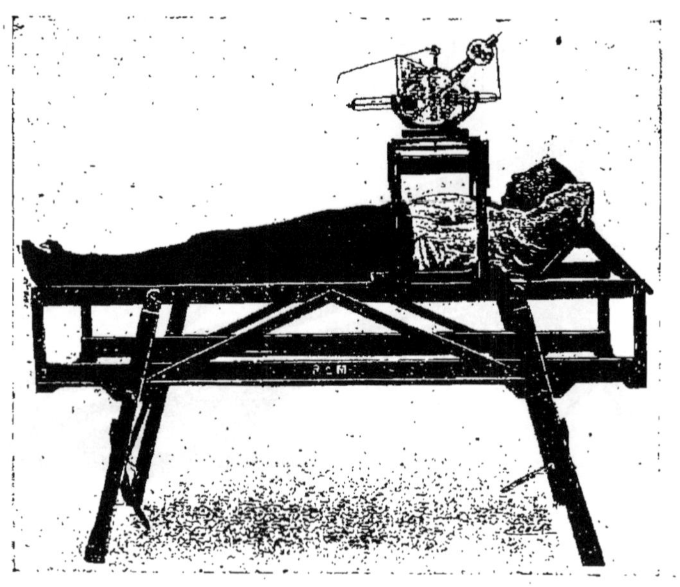

Fig. 70. — Le lit disposé pour la radiographie.

la table pour les irradiations verticales, soit par côté pour les irradiations horizontales. Il reste à discerner la meilleure position à choisir suivant les radiographies auxquelles il doit être soumis.

Les figures ci-contre (fig. 71, 72, 73) montrent par quelques exemples qu'il est possible de réaliser toutes les radiographies dans les situations les plus diverses, les mieux appropriées aux régions intéressées.

La figure en haut, à gauche (fig. 72), montre la disposition la plus couramment employée. Le sujet est couché sur la table, la plaque reposant sur les planches, et le tube est amené exactement à l'endroit voulu

Fig. 71. — Disposition de l'ampoule pour irradier horizontalement.

en le maintenant au moyen du pont mobile le long des deux côtés du lit.

La figure en bas, à gauche, montre une application de la possibilité de mettre les planches sur le plan supérieur ou inférieur du lit, dans le cas présent, le blessé éprouvait une gêne à tendre la jambe pour que sa cuisse repose exactement contre la plaque. En lui faisant reposer le pied sur le plan inférieur, le contact se trouve réalisé.

Les figures de droite montrent qu'il est possible de faire un crâne de profil en plaçant le tube de côté si le blessé ne peut se coucher que sur le dos, ou par-dessus, si le blessé peut se coucher sur le côté. Cette disposition permet encore de réaliser des poses face et profil avec la certitude absolue que les deux radiographies ont été prises sous des incidences rigoureusement perpendiculaires. Dans ce but, une planchette supplémentaire permet de maintenir le membre ou le crâne à radiographier et la plaque ou le châssis dans une position verticale. Lorsque la cupule est fixée sur le côté du bâti, pour éviter que son poids n'emporte le système, et pour que celui-ci conserve toute sa stabilité, le côté opposé est lesté au moyen d'un poids fixe convenable.

La figure du bas montre enfin un cas dans lequel on peut mettre à profit l'avantage de coucher le blessé sur le plan supérieur ou inférieur du lit. Pour la radiographie d'un crâne de profil, on voit que l'épaule du sujet trouve sa place dans l'espace intermédiaire et que la tête est soutenue par une seule planche.

Rien n'oblige à utiliser le pont support en travers du lit pour une radiographie de coude par exemple (fig. 73). Le sujet peut être assis sur une chaise à proximité de la table, le pont placé au-dessus, les traverses dans le sens de la longueur du lit pour ne pas gêner le bras.

La table peut également remplir l'office d'une

Fig. 72. — Quelques dispositions du porte-tube et des planches
du lit, suivant les régions à radiographier.

chaise, et la radiographie d'un pied, face plantaire, est des plus aisées.

Tous les radiologistes savent les difficultés qu'on éprouve lorsqu'il s'agit de faire le thorax d'un blessé debout ou assis, même lorsqu'on possède un support du type le plus perfectionné. C'est que le support ne tient que le tube, et pour faire tenir la plaque, c'est généralement à un échafaudage compliqué de dossiers de chaises, d'oreillers, et de ficelles auquel on en confie le soin ; il est juste de dire que tout cela s'en acquitte le plus souvent fort mal et que le résultat se traduit généralement par une plaque bougée. (A moins, ce qui n'est pas le cas avec une installation de campagne, de disposer d'une intensité suffisante pour faire de l'instantané.)

La figure de gauche, en bas, montre qu'il est extrêmement simple de faire cette opération soit dans un sens soit dans l'autre.

Le blessé est assis entre les traverses du lit, sur des planches reposant sur le plan inférieur, le support de tube et de plaque est maintenu par deux autres planches reposant sur le plan supérieur ; par excès de précaution, si le sujet est trop faible et veut s'appuyer fortement sur son dossier improvisé, rien n'est plus simple que de lier l'ensemble après les traverses au moyen d'une bande de pansement.

La dernière figure montre un dispositif qui permet de glisser enfin commodément les plaques sous le blessé qui repose sur les planches ou sur un brancard, sans qu'il soit nécessaire de le déplacer ; ce dispositif est appliqué pour la prise des clichés stéréoscopiques ou pour les clichés doubles servant aux repérages.

Emploi du brancard. — Lorsque l'état de la blessure
est tel qu'il soit difficile de transporter le sujet à bras
d'hommes pour le coucher directement sur la table,
on peut employer au choix le brancard réglementaire
ou tout autre modèle. Le lit correspond comme écartement intérieur à la largeur du brancard français.
On soutiendra ce dernier soit en retirant les deux
planches extrêmes du lit et en introduisant les pieds
du brancard dans les espaces devenus vides, soit en
retirant toutes les planches du lit, sauf deux que
l'on disposera aux extrémités et qui serviront de
soutien.

Dans le premier cas, la plaque radiographique ou
le châssis aura été préalablement posé à plat sur la
table à l'endroit choisi, et les infirmiers laisseront
reposer le brancard de sorte que la toile se trouve
interposée entre la plaque et le blessé.

Dans le second cas, le blessé soutenu par la toile du
brancard se trouve dans le vide, et pour soutenir la
plaque, une sorte de plate-forme repose sur le cadre
mobile inférieur. Ce dispositif est avantageusement
employé pour les repérages par irradiations successives de deux plaques ou pour la prise de clichés stéréoscopiques comme nous l'avons dit plus haut.

Lorsqu'on dispose d'un brancard anglais, comme les
pieds en fonte ont un encombrement plus grand que
celui du type français, il suffit de songer à placer le
blessé sur le brancard qu'on a préalablement retourné
de façon que les pieds soient en dessus (on s'assurera
avant tout que la toile est solidement clouée).

Un dispositif de brancard très simple et extrêmement pratique que nous avons vu fréquemment em-

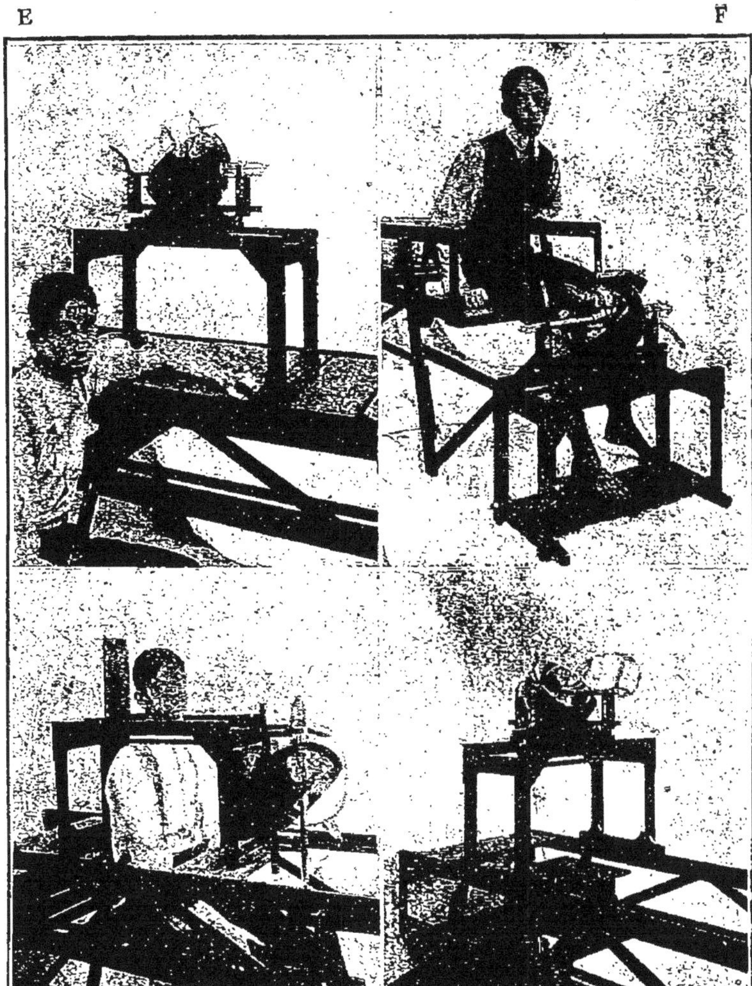

FIG. 73. — Autres dispositions du pont support d'ampoule.

ployer et en particulier dans une formation sanitaire dirigée par M. le docteur Malartic, mérite d'être signalé.

Il consiste en une simple toile mesurant 0 m. 70 de large et 1 m. 60 de long environ, avec deux coulisses de chaque côté dans le sens de la longueur. Dans ces coulisses, on passe deux perches de bois solides; le blessé est commodément porté dans cette sorte de hamac, qui peut se rétrécir à volonté pour passer dans les embrasures des portes les plus étroites ou dans les tournants brusques où la manœuvre des brancards est souvent si difficile et pénible pour le blessé.

On pose facilement le blessé sur le lit de radiographie et on laisse reposer les deux morceaux de bois sur chaque côté.

Immobilité du sujet. — Netteté de l'image. — De l'immobilité du sujet dépend uniquement la netteté de l'image; il y a donc intérêt à placer le blessé dans la position la plus favorable, c'est-à-dire dans celle qui lui est la plus naturelle et la moins douloureuse pendant le temps de l'opération.

Pour les radiographies d'une même région, on a le choix entre les diverses positions relatives du blessé, de l'ampoule et de la plaque.

Toutefois, il faut tenir compte non seulement de la blessure qui motive la radiographie, mais encore des autres blessures que le malade peut porter et qui décideront de la meilleure position à donner. Par exemple, s'il s'agit de radiographier le profil gauche d'un malade blessé également à l'épaule gauche, on conçoit qu'il est naturellement impossible de le faire coucher sur le côté gauche; on le laissera sur le dos. C'est à ces considérations que nous nous sommes particulièrement attachés pour rendre le lit adaptable à toutes les circonstances.

Nous donnons sous forme de tableau les dispositions qui nous ont paru les plus favorables à adopter suivant les différentes régions susceptibles d'être radiographiées; nous avons complété ce tableau par l'indication approximative des temps de pose.

(Voir tableau aux pages suivantes.)

RÉGION A RADIOGRAPHIER	ORIENTATION	POSITION POSSIBLE DU BLESSÉ	DISPOSITION TYPE de la TABLE (1)	IMMOBILISATION DU BLESSÉ	TEMPS DE POSE sans écran	TEMPS DE POSE avec écran
					3 milliamp	
CRÂNE	Face antérieure.	Couché sur le ventre, coussin sous la poitrine pour que le front et le nez soient sur le même plan.	Fig. A.	Bande passant au 1/3 inférieur du crâne, reliée aux deux côtés du lit pour que le front appuie.	70'	18'
		Couché sur le dos, tête légèrement relevée.	Fig. A.	Tête calée de chaque côté, si nécessaire.	70'	18'
		Couché sur le côté.	Fig. A.	Bande passant en biais, faisant le tour de la planchette verticale.	70'	18'
	Face postérieure	Couché sur le dos, la tête à plat sur la table.	Fig. A.	Bande passant sur le front et les yeux.	75'	19'
	Profil	Couché sur le côté correspondant à la blessure, la tête reposant sur l'élément le plus bas du tabouret.	Fig. A, si le sujet est d'une corpulence normale.	Bande passant au niveau de l'œil et sur l'oreille, un bouchon dans la bouche si on veut que les détails des maxillaires se détachent.	50'	18'
		» » » »	Fig. D, si le sujet est large d'épaules.		80'	20'
		Couché sur le dos, la tête légèrement relevée.	Fig. B.	Bande passant en biais, encerclant la tête et la planchette verticale.	55'	14'
		Couché sur le dos.	Fig. A.	Tête à plat sur la table et maintenue par une bande.	35'	9'
COU	Face antéro-post^{re}	Couché sur le dos, la tête rejetée en arrière pour effacer l'extrémité du maxillaire inférieur.	Fig. A. 1 ou 2 planches retirées à hauteur de la tête pour qu'elle soit dans le vide.	Tête maintenue sur le tabouret complet ou dédoublé, reposant sur le plan inférieur du lit.	35'	9'
(COLONNE) CERVICALE.	Profil droit ou gauche	Couché sur le dos.	Fig. B.		25'	7'
		Couché sur le côté.	Fig. A.	La tête reposant sur le tabouret.	20'	5'
THORAX.	Face antéro-post^{re}	Couché sur le dos.	Fig. A.	Retenir sa respiration.	60'	15'
		Assis (s'il y a épanchement) entre les côtés du lit, sur une planche posée sur le plan inférieur.	Fig. G, 2 planches sur le plan supérieur, une en avant, une en arrière, le porte-ampoule encadrant le blessé.	Ficeler au besoin le porte-ampoule pour qu'il ne glisse pas en arrière.	60'	15'
		Couché sur le ventre.	Fig. A.	Les bras étendus le long du corps.	70'	16'
	Face postéro-ant^{re}	Couché sur le dos.	Fig. A.	La plaque légèrement écartée pour que les mouvements respiratoires ne la fassent pas bouger.	70'	16'
		Assis comme il est expliqué plus haut.	Fig. G.	Ficeler le porte-ampoule en arrière pour que le blessé puisse appliquer son thorax contre la planchette verticale.	60'	15'
ÉPAULE.	Face antéro-post^{re}	Couché sur le dos.	Fig. A.	Bande passant en travers de la poitrine et passant sur l'épaule pour l'abaisser. Ou coussin sous l'épaule opposée : en surélevant l'une cela fait abaisser l'autre.	50'	12'
		Couché sur le côté.	Fig. B.	Bande encerclant planche et blessé. La planchette verticale légèrement oblique en avant pour que le blessé s'y appuie.	50'	12'
	Face postéro-ant^{re}	Couché sur le ventre (souvent impossible et trop douloureux).	Fig. A.	Bande encerclant planche et blessé.	50'	12'
		Couché sur le côté.	Fig. B.	La planche verticale se place légèrement oblique pour que le blessé ait le dos calé.	50'	12'

(1) REMARQUE. — Par disposition type de la table, nous entendons les positions diverses des fig. 72 et 73 qui peuvent être données aux éléments constituant le lit et le support d'ampoule.

RÉGION À RADIOGRAPHIER	ORIENTATION	POSITION POSSIBLE DU BLESSÉ	DISPOSITION TYPE de la TABLE	IMMOBILISATION DU BLESSÉ	TEMPS DE POSE sans écran	TEMPS DE POSE avec écran
					3 milliamp.	
ÉPAULE.	Profil supérieur externe.	Couché sur le dos, la tête vers le 1/3 supérieur de la table.	Position analogue à fig. B, mais l'axe du porte-ampoule dirigé obliquement par rapport au lit, le tube vis-à-vis de l'aisselle.	Les bras en croix, l'avant-bras relevé à angle droit, la main cramponnée au grand côté du porte-ampoule.	40ˢ	10ˢ
BRAS	Face	Couché sur le dos.	Fig. A.	Le bras légèrement surélevé, le coude plié, l'avant-bras ramené en avant et maintenu par l'autre main du blessé.	20ˢ	5ˢ
		A genou devant la table.	Fig. E.	Autant que possible l'aisselle au niveau de la table pour que le bras repose à plat.	25ˢ	6ˢ
COUDE	Profil.	Couché sur le dos, le plus près possible du bord de la table.	Fig. B.	Le coude légèrement surélevé, la planchette verticale passant entre le bras et le thorax.	30ˢ	8ˢ
		Couché sur le dos, le coude maintenu au-dessus du niveau du lit.	Fig. B.	L'avant-bras vertical, la main saisissant la traverse horizontale du support d'ampoule.	30ˢ	8ˢ
		Assis près du lit, l'aisselle au niveau du lit.	Fig. E.		30ˢ	8ˢ
		Assis près du lit.	Fig. E.	Une bande entourant le poignet et l'appliquant contre la table.	30ˢ	8ˢ
AVANT-BRAS.	Pronation. Supination. Profil.	Assis ou à genou près du lit, l'aisselle au-dessus du niveau du lit.	Fig. E.	Une bande passant sur le poignet.		7ˢ
MAIN	Face palmaire.	Assis ou à genou près du lit	Fig. E.		10ˢ	3ˢ
	Face dorsale.	Assis ou à genou près du lit le corps rejeté en arrière.	Fig. E.	Le coude reposant sur le lit et la main surélevée sur le tabouret, une bande passant sur les doigts.	10ˢ	3ˢ
DOIGTS	Face.	Assis ou à genou.	Fig. E.		7ˢ	2ˢ
	Profil.	Assis ou à genou.	Fig. E.	Pour isoler le doigt intéressé on enlève la planche du lit voisine de celle qui soutient la plaque, de sorte que les doigts voisins se trouvent effacés.	7ˢ	2ˢ
BASSIN	Face antéro-postʳᵉ	Couché sur le dos, sur le plan supérieur.	Fig. A.	Les jambes allongées.	90ˢ	25ˢ
		Ou sur le plan inférieur si on veut augmenter la distance opératoire.	Les planches du lit en dessous.		180ˢ	45ˢ
	Face postéro-antʳᵉ	Couché sur le ventre.	Fig. A.	Plaque dans le porte-écran comme pour la radioscopie.	140ˢ	40ˢ
		Couché sur le dos.	Tube en dessous.		140ˢ	40ˢ
	Profil.	Couché sur le côté, sur le plan inférieur.	Fig. D.	Les jambes pliées pour conserver son aplomb.	250ˢ	60ˢ
CUISSE	Face	Couché sur le dos, les pieds reposant sur le plan inférieur.	Fig. C, les planches au niveau du genou sont posées sur le plan infʳ.	La cuisse repose à plat, une bande entourant le genou évite la rotation de la jambe.	45ˢ	11ˢ
	Profil Externe.	Couché sur le côté, la jambe blessée pliée, le genou en avant, l'autre jambe étendue.	Fig. A.		45ˢ	11ˢ
	Profil Interne.	Couché sur le dos, le plus près possible du bord du lit.	Fig. B.	La jambe serrée contre la planchette verticale au moyen d'une bande.	45ˢ	11ˢ

RÉGION À RADIOGRAPHIER	ORIENTATION		POSITION POSSIBLE DU BLESSÉ	DISPOSITION TYPE de la TABLE	IMMOBILISATION DU BLESSÉ	TEMPS DE POSE sans écran	TEMPS DE POSE avec écran
						3 milliamp	
GENOU	Face antéro-postre		Couché sur le dos. 1° L'articulation du genou permet d'allonger la jambe.	Fig. A ou C, les planches supérieures sont retirées sous la jambe.	La jambe maintenue par une bande de chaque côté du lit.	30s	8s
GENOU	Face antéro-postre		2° Le genou reste plié.		Le pied repose sur le plan inférieur, une bande maintient la jambe.	30s	8s
GENOU	Face postéro-antre (rotule)		Couché sur le dos.	Fig. A.		35s	9s
GENOU	Face postéro-antre (rotule)		Couché sur le côté opposé à la blessure.	Fig. B.	Le genou blessé s'appuyant sur le genou sain.	30s	8s
GENOU	Profil	Interne	Couché sur le côté et reposant sur le plan inférieur.	Fig. D, le genou sur le plan supr.	La jambe maintenue.	28s	7s
GENOU	Profil	Externe	Couché sur le plan supérieur.	Fig. A, le genou plié.	La jambe saine allongée et de côté.	28s	7s
GENOU	Profil	Interne	Couché sur le dos, sur le bord opposé au côté à radiographier.	Fig. B, une cale sous le genou.	Une bande passant derrière la planchette verticale.	28s	7s
GENOU	Profil	Externe	Le genou sain complètement étendu à plat sur le lit.	Fig. A, le genou blessé plié ou la jambe élevée.		28s	7s
JAMBE	Face		Couché sur le dos. 1° La jambe peut être étendue.	Fig. A, la planche sous le talon enlevée pr que le mollet pose à plat.	Le pied maintenu par une bande de chaque côté du lit.	30s	8s
JAMBE	Face		2° Le genou reste plié.	Le blessé couché sur le plan infr, la jambe soutenue sur le plan supr.		30s	8s
JAMBE	Profil	Interne	Couché sur le dos.	Fig. B.	Une bande faisant le tour du pied et se fixant sur un côté du lit, pour forcer la jambe à appuyer sur la plaque.	25s	6s
JAMBE	Profil	Externe	» » »	Fig. B.	La jambe blessée soulevée, la jambe saine étendue.	25s	6s
JAMBE	Profil	Interne	Couché sur le côté.	Fig. A.	Une bande passant en long sur le pied pour maintenir la position.	25s	6s
JAMBE	Profil	Externe	Couché sur le côté, de préférence sur le plan inférieur.	Fig. D, la jambe sur le plan supr.		25s	6s
CHEVILLE	Face		Couché sur le dos.	Fig. A.	S'il s'agit d'une entorse, bander le pied au niveau des phalanges et faire en sorte que la pointe du pied se présente en dedans, l'axe du pied oblique par conséquent.	25s	6s
CHEVILLE	Profil externe		Couché sur le dos.	Fig. B, le pied soulevé sur une cale.	Une bande forçant le pied à appuyer sur la plaque verticale.	20s	5s
PIED	Face plantaire		Assis à l'une des extrémités du lit.	Fig. F, le porte-ampoule reposant à terre.	Le pied reposant bien à plat, la jambe oblique en avant.	15s	4s
PIED	Profil interne ou externe.		Couché sur le dos.	Fig. B, le talon reposant sur une cale.	Une bande encerclant pied et planchette.	20s	5s
PIED	Profil	Interne	Couché sur le plan inférieur	Fig. D, le pied sur le plan supr.		20s	5s
PIED	Profil	Externe	Couché sur le plan supérieur, du côté du pied blessé.	Fig. A, la jambe saine écartée.	Une bande passant sur le pied.	20s	5s

Immobilisation du blessé. — Lorsqu'on a placé le blessé dans une position telle qu'il puisse la conserver commodément et sans fatigue, l'immobilisation devient presque inutile ; tout au plus, une cale convenablement placée, un sac de sable complètera l'immobilisation ; cependant, comme l'application aussi parfaite que possible contre la plaque est recomman-

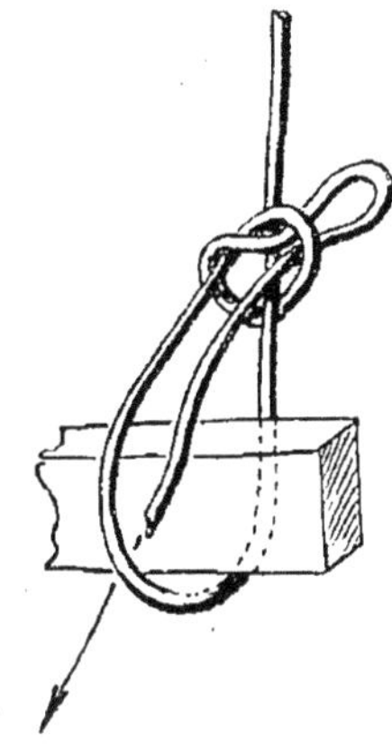

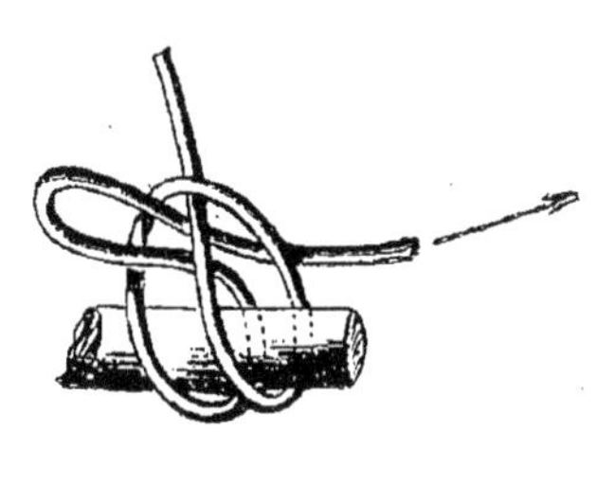

Fig. 74. — Nœud coulant facile à desserrer.

Fig. 75. — Une forme de nœud permettant un serrage très énergique.

dée, on pourra par excès de précaution suppléer au compresseur, qu'on ne possède pas toujours, par le système beaucoup plus rudimentaire, mais suffisant, qui consiste à ficeler la région à radiographier après la table au moyen d'une bande de pansement.

La façon de nouer cette bande présente encore un intérêt pour obtenir un serrage énergique et éviter au moment de libérer le membre de perdre un temps infini en dénouant la bande inutilement tortillée.

Combien de fois avons-nous constaté qu'on ne savait pas faire un nœud simple ; ceux que nous employons nous ont paru fort pratiques et se comprennent facilement sur les schémas ci-contre (fig. 74 et 75). Ce sont les nœuds coulants dont se servent les matelots et les personnes habituées à faire des paquets ; ils présentent cet énorme avantage de se dénouer instantanément en tirant l'extrémité libre du lien.

Radiographie dans un lit. — Lorsque le blessé est complètement intransportable, on peut très facilement utiliser le pont support d'ampoule pour pratiquer la radiographie dans son lit même. Une des planches du lit sert à poser la plaque enveloppée ou le châssis sous le blessé ; quant au tube, on le dispose sur le support qu'on a placé à cheval sur le blessé et à même sur le lit. La fixation est complétée au besoin en ficelant les branches du support, après les fers du lit ou sous le sommier.

Distance de l'anticathode. — La distance de l'anti-cathode à la plaque ayant été invariablement fixée à 55 centimètres, les poses correspondent à des temps moyens que tous les opérateurs connaissent. Toutefois, il est possible d'augmenter ou de diminuer cette distance pour des cas spéciaux, soit d'abord en opérant sur le plan inférieur, ce qui augmentera la distance d'environ 30 centimètres, soit encore en disposant entre le porte-cupule et le pont support une sorte de caisse sans fond qui s'emboîte exactement dans les rainures. Ce procédé simple est employé quand on fait usage de compas spéciaux, exigeant une distance déterminée entre la plaque et l'anticathode.

Lorsqu'au contraire on voudra diminuer la distance, il s'agira dans ce cas de la radiographie d'un membre, bras, coude, etc., et dans ces conditions rien n'est plus simple que de maintenir la plaque surélevée au moyen d'un livre ou du support qui servait à soulever le tube.

Centrage du tube sans le secours d'un centreur spécial. — En radiologie de guerre, les auteurs conseillent de centrer toujours le rayon normal sur le centre de la lésion ou sur la porte d'accès du projectile. Il est donc utile que le tube soit convenablement placé dans sa cupule protectrice et que le rayon normal soit matérialisé par un fil à plomb. De nombreux dispositifs permettent d'arriver à ce résultat, mais la multiplicité des accessoires étant souvent une gêne dans un matériel de campagne, le mieux est d'utiliser ce qu'on a sous la main. Voici un procédé fort simple que nous avons le plus souvent appliqué. Il est pratique que les cupules puissent recevoir à leur embouchure une plaquette de fibre servant à maintenir un fil à plomb en son centre. Pour centrer le tube, on le dispose dans la cupule soutenue par son support au-dessus du lit ; on pose l'écran fluorescent, débarrassé de son verre protecteur au plomb, à plat sur le lit, et on abaisse le fil à plomb. On marque par un morceau de papier ou de carton quelconque le point où arrive le fil à plomb sur l'écran.

On remonte le fil à plomb à une hauteur intermédiaire et on fait passer le courant dans le tube. Si l'ombre du fil à plomb se produit au point marqué précédemment, c'est que le tube est centré ; si au contraire, l'ombre ne coïncide pas avec la marque, il suffit de décaler le tube en sens inverse de la quantité nécessaire pour que la coïncidence se produise.

Appareil de localisation radiographique attenant au lit. — Nous renvoyons au chapitre spécial de la localisation des projectiles, pour la description de l'appareil qui s'adapte au lit, et sert au repérage par procédé radiographique.

Utilisation du lit pour la radioscopie. — Si la radiographie rencontre encore de nombreux partisans, surtout parmi les chirurgiens d'ambulances qui ne possèdent pas une installation à poste fixe constamment mise à leur disposition, il semble de plus en plus, les installations se multipliant, que la radioscopie soit en faveur dans la pratique de la radiologie de guerre. Il est donc essentiel que le lit d'opération puisse s'adapter également bien à tous les examens du sujet, debout ou couché, ainsi qu'aux procédés de localisations rapides. Pour la radioscopie, le lit, qu'on peut basculer pour former cadre, se prête indiscutablement mieux à tous les besoins qu'un pied porte-ampoule, à moins qu'il ne s'agisse d'un pied perfectionné et coûteux. Le lit est léger et rigide, le porte-ampoule inférieur permet des déplacements faciles en marche ; son prix enfin est beaucoup moins élevé que celui d'un pied métallique qui ne dispense d'ailleurs pas de l'achat d'une table.

Examens du sujet couché. — Nous avons vu que le

lit déplié présentait deux plans sur lesquels on pouvait indistinctement disposer les planches. Pour la radioscopie couchée, le sujet reposera toujours sur le plan supérieur ; le plan inférieur servira uniquement

Fig. 76. — Le lit disposé pour les examens radioscopiques couchés, montrant le support d'écran qu'on peut relever ou abaisser. Le long du support, tige indicatrice de repérage.

à disposer le cadre qui permettra de mobiliser l'ampoule dans tous les sens.

Montage de la glissière porte-cupule. — On remarquera qu'un des grands côtés du lit possède des croisillons inclinés jusqu'au centre et que l'autre n'en possède pas. C'est par ce côté que s'enfile le cadre du porte-ampoule, l'équerre métallique dirigée vers soi et en dessus.

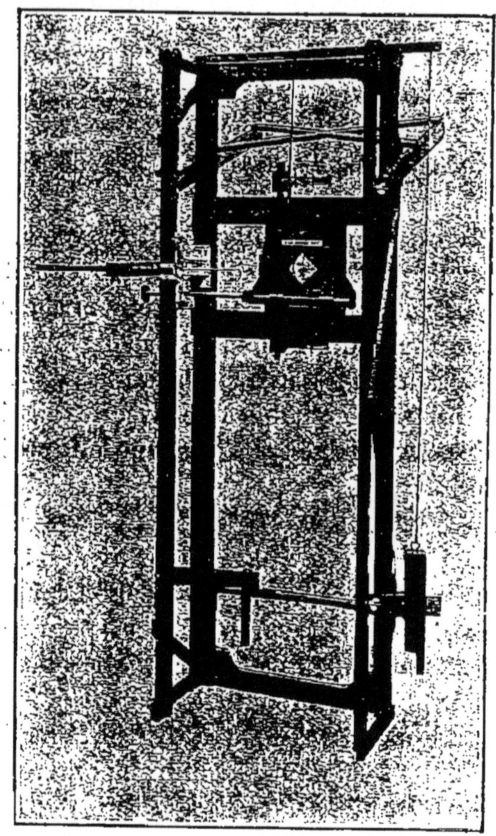

Fig. 77. — Le lit dressé verticalement pour les examens du sujet debout et formant cadre Guilleminot.

Cette équerre est destinée à recevoir la potence porte-tige pour la localisation en radioscopie et l'écran. On peut en régler la hauteur au moyen de l'écrou de serrage, qui passe à la fois dans l'équerre et dans la rainure de la potence. Sur le cadre principal vient se poser le plateau porte-cupule qu'on introduit facilement par-dessous, en passant d'abord un côté, puis l'autre; tous deux reposent finalement entre les tasseaux posés sur le cadre principal. Un taquet de verrouillage sert à empêcher de basculer le plateau quand on redresse le lit.

Un diaphragme en losange, dont les volets sont en tôle armée de plomb pour obtenir une opacité suffisante, se fixe à plat sur le porte-cupule. La manœuvre des volets se fait commodément par un long manche isolant qui commande une vis sans fin.

Un centreur interchangeable avec le diaphragme permet de disposer convenablement le tube dans ses pinces.

Examens du sujet debout. — Le lit étant disposé pour la radioscopie du sujet couché, on conçoit qu'il suffise de le basculer complètement pour le transformer instantanément en un cadre du genre de ceux imaginés par le docteur Guilleminot (fig. 77). Ce basculage, grâce à la légèreté et à la rigidité de l'ensemble, ne constitue d'ailleurs aucune manœuvre pénible, si on a soin de procéder méthodiquement pour éviter que le cadre porte-ampoule ne descende plus rapidement qu'on ne le désirerait.

Avant de redresser le lit, on s'assure donc que le taquet placé sur le cadre est bien engagé dans son cran d'arrêt.

On assujettit le dispositif de corde de tirage qui

sert à obtenir le mouvement de montée et de descente du cadre porte-ampoule et on fixe l'extrémité de la corde qui doit tenir le contrepoids après un des écrous de côté du lit.

A ce moment, et lorsque la corde est tendue, on peut sans crainte basculer le lit, le caler au moyen des rallonges prévues après les deux piètements voisins du sol.

Finalement, on accroche le contrepoids qui équilibre l'ensemble et donne un mouvement suffisamment doux pour être facilement réglé par l'aide au gré de l'observateur.

Le porte-écran et le repéreur peuvent également servir dans l'une ou l'autre position.

Localisation en radioscopie. — Nous croyons avoir passé en revue à peu près toutes les applications possibles du lit tel qu'il a été combiné. Il est évident que chacun peut en modifier les usages suivant sa commodité, adjoindre au besoin des systèmes de calage, de compresseur ou tout autre dispositif susceptible d'abréger les opérations.

Reste la question du repérage en radioscopie pour lequel nous renvoyons au chapitre spécial. Là encore, mille procédés ont été proposés et sont en usage ; on peut dire qu'il sont tous bons entre les mains des opérateurs habitués à les employer couramment.

Il résulte de ces descriptions qu'un appareillage relativement simple, s'il est conçu dans un esprit pratique, peut et doit aisément répondre à tous les besoins de la radiologie de guerre. L'expérience semble avoir confirmé cette opinion, de nombreux lits du genre de celui que nous venons de décrire sont en service depuis le début de la campagne dans diverses formations de l'avant et de l'arrière.

Dans les services mobiles, ils ont subi toutes les épreuves du transport, des montages et des démontages répétés. Dans les services de l'arrière où les examens sont plus fréquents encore, ces lits ont supporté sans fléchir la charge des blessés de toutes les tailles et de toutes les corpulences, la solidité de l'ensemble s'est donc trouvée confirmée.

On a quelquefois reproché au lit sa légèreté, nous ne craignons pas de dire au contraire que c'est un de ses principaux avantages, et, bien que cela puisse sembler paradoxal, nous attribuons sa solidité surtout à sa grande légèreté qui en rend aussi le transport facile et peu pénible pour les opérateurs.

Ces tables enfin, qui font à la fois office de lit et de porte-ampoule, remplacent avantageusement les pieds métalliques les plus modernes et les plus compliqués. Elles constituent donc un ensemble économique, ce qui n'est pas non plus à dédaigner, surtout à l'heure présente, où l'intérêt des blessés réclame des installations en plus grand nombre encore, malgré tous les sacrifices déjà consentis.

Lorsqu'on ne s'arrête à aucune considération de poids et d'encombrement, il est possible de trouver de nombreuses variantes dans la construction des tables radiologiques, servant à la fois comme support d'ampoule et comme lit pour le blessé.

Il a été réalisé spécialement, sur la demande du Service de Santé, des modèles qui rappellent sensiblement la forme d'une table fixe, contre laquelle se trouve accolée la colonne verticale et le support transversal d'un pied porte-ampoule métallique. Nous avons donné la description de l'un d'eux page 135 et suivantes.

§3. — CUPULES. PINCES. LIMITATEURS DE CHAMP, ETC.

Cupule, fixation de l'ampoule. — Il importe que le tube soit correctement placé dans la cupule, de façon que le centre d'émission des rayons (pratique-

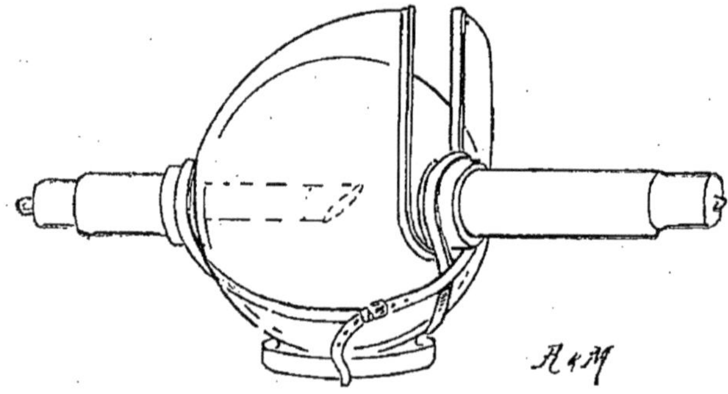

FIG. 78. — Fixation de l'ampoule dans la cupule.

ment le centre de l'anticathode) soit à peu près au milieu. Pour cela, nous conseillons de garnir les deux cols de l'ampoule au moyen de bandes feutrées, cousues de façon à former un collier qui soit juste du diamètre des fentes de la cupule.

Dans ces conditions, l'ampoule sera convenablement calée et pourra être solidement fixée par une courroie pour éviter un accident lorsqu'on voudra la placer sous le blessé.

La figure montre clairement comment il faut disposer la courroie de façon à obtenir une bonne fixation de l'ampoule sans toutefois serrer trop énergiquement.

Pinces indépendantes. — Bien que le dispositif ci-dessus, un peu rudimentaire, soit largement suffisant pour une installation de campagne et que l'on puisse s'en contenter, on a créé, pour faciliter l'emploi des tubes, de formes et de dimensions les plus diverses, d'autres systèmes évidemment plus pratiques.

FIG. 79. — Cupule protectrice et pinces porte-ampoule.

Le modèle représenté par la figure est à la fois simple et économique.

Les pinces permettent la fixation des tubes de formes les plus diverses, le serrage de chaque collet du tube se fait sur une pièce en V au moyen d'une courroie tenue d'un côté par un ressort, et de l'autre terminée par une sorte de griffe qui s'engage dans des crans échelonnés suivant le diamètre à serrer (fig. 79).

Les deux pinces semblables sont disposées de chaque côté de l'ampoule de part et d'autre d'une règle carrée et peuvent se déplacer à frottement le long de la règle pour centrer le tube dans le sens longitudinal.

Une queue fixée vers le milieu de la règle s'engage entre les deux coulisseaux d'une équerre et permet le

Fig. 80. — Pinces porte-ampoule indépendantes.

centrage du tube dans le sens latéral. Enfin, cette équerre se fixe elle-même dans un support placé sur le côté de la cupule.

Il est assez utile de posséder plusieurs pinces porte-ampoule, dans lesquelles les tubes sont placés à demeure et toujours centrés (fig. 80). On évite ainsi l'ennui d'un nouveau centrage à chaque changement de tube.

Centreur. — Tous les opérateurs, se sont toujours

attachés avec juste raison, à connaître la position du
centre d'émission des rayons pour diriger le rayon
normal vers le point intéressant à examiner.

Dès 1897, Radiguet avait combiné le radio-guide,

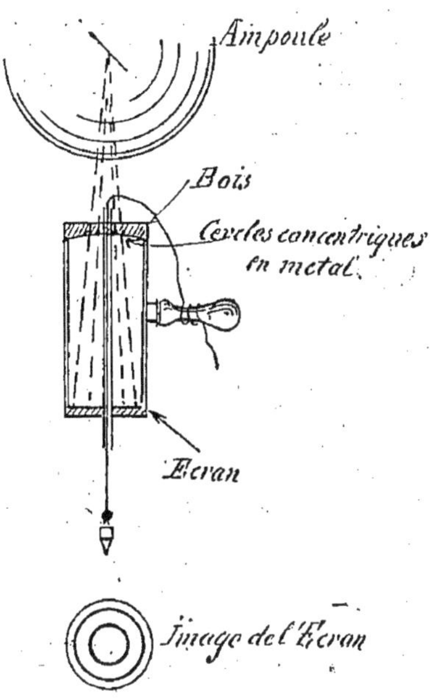

Fig. 81 — Radio-guide.

petit instrument fort simple et fort ingénieux, et qui
consistait en une sorte de plateau en bois dans lequel
se trouvaient encastrés deux ou trois cercles concentriques en métal. A une certaine distance, et en regard
de ce plateau, une monture recevait un écran fluorescent ; le centre du système était traversé par un fil à
plomb ; voulait-on diriger le rayon normal sur un
point particulier du sujet à radiographier, on pro-

Fig. 82. — Centreur et diaphragme se substituant l'un à l'autre en avant de la cupule.

menait le radio-guide tenu verticalement sous le tube, et on le déplaçait jusqu'à ce que les ombres des cercles métalliques qui apparaissaient sur le petit écran, soient concentriques. À ce moment, le fil à plomb représentait le rayon normal, par rapport au plan de la table. Il suffisait de placer la partie intéressante immédiatement en dessous de ce rayon.

Tous les centreurs sont à peu près basés sur ce même principe, l'un des plus simples consiste en une tubulure fixée perpendiculairement sur une plaque qui permet de la placer en avant de l'ouverture de la cupule. Cette tubulure porte soit deux croisés de fils à une certaine distance l'un de l'autre, soit seulement deux fils diamétralement opposés. A l'extrémité de la tubulure ou lunette, se trouve un disque de platino-cyanure de baryum. On a sur cet écran une ombre des deux fils ; pour centrer l'ampoule il faut la déplacer dans le sens longitudinal ou transversal, jusqu'à ce que les ombres s'entrecroisent perpendiculairement et au centre de la lunette. Rappelons également que nous avons indiqué (p. 166) un procédé de centrage, sans le secours d'autre appareil qu'un écran et un fil à plomb.

Diaphragme. — M. le docteur Béclère a attiré toute l'attention que méritait l'emploi d'un diaphragme, pour limiter plus ou moins le champ du rayonnement sur l'écran ; cet instrument augmente considérablement la lisibilité de l'image radioscopique, en isolant le point intéressant. Il facilite la distinction des projectiles, et est indispensable pour leur localisation en radioscopie. Les modèles varient avec chaque constructeur en ce qui concerne le mécanisme d'ouverture ou de fermeture des volets.

A ce propos, tous les auteurs ne sont pas d'accord sur la forme de la délimitation du champ d'éclairement de l'écran : les uns ont adopté un octogone, d'autres un carré ou un rectangle dont on peut modifier le sens des plus grands côtés ; d'autres enfin le losange. C'est évidemment cette dernière forme la plus pratique à réaliser. (Voir fig. 82.)

L'appareil est généralement constitué par une plaque principale qui porte le long d'un de ses côtés une vis sans fin à pas contraires, commandée soit par un long manche isolant, soit par un flexible. Cette vis s'engage dans des écrous solidaires de deux volets en tôle, armés de plaques de plomb qui, fonctionnant en sens inverse, arrêtent les rayons et limitent ainsi le champ aux dimensions les plus favorables.

Un dispositif simple permet de substituer facilement au centreur, le diaphragme, dont le centre doit évidemment coïncider avec ce dernier.

Compresseurs et localiseurs. — Comme leur nom l'indique ces appareils servent à exercer une pression sur la partie à radiographier. Lorsqu'on opère en un point de la colonne vertébrale ou sur le sacrum par exemple, on a intérêt à utiliser un compresseur, qui diminue l'épaisseur du sujet en écartant les chairs et les masses graisseuses.

Le compresseur peut être improvisé, en entourant le sujet d'une bande fortement sanglée en même temps qu'on a interposé une sorte de poche en caoutchouc, qu'on peut ensuite gonfler. Il existe des appareils de ce genre, spécialement combinés, et dont le seul but est de faciliter leur fixation et le degré de tension désirable.

Un modèle simple consiste en un cercle de métal au milieu duquel se trouve tendue une baudruche ou un filet perméable aux rayons X. Deux courroies munies de boucles et de crochets de chaque côté du cercle permettent de fixer l'appareil le long des bords du lit d'opération. On place entre le patient et le cercle une poche à air qu'on peut gonfler à l'aide d'une poire en caoutchouc ou d'une pompe.

Enfin d'autres modèles plus complets se fixent généralement sur la cupule des pieds porte-ampoule, ils se composent souvent d'une sorte de tube conique en métal terminé par une poche du même genre que celle décrite précédemment. Ce dispositif a le double avantage de servir à la fois comme compresseur et comme localiseur, puisqu'il arrête en partie le rayonnement secondaire.

A ce propos rappelons que toutes les substances, quelles qu'elles soient, situées au voisinage d'une source de rayons X, émettent elles-mêmes d'autres radiations susceptibles d'influencer les plaques photographiques et même d'agir sur les tissus.

On désigne sous le nom de rayonnement secondaire ces radiations d'un autre ordre que les masses graisseuses, en particulier, produisent en quantité notable. Il n'y a donc pas lieu d'être surpris, d'avoir souvent des clichés gris lorsqu'on radiographie un sujet d'une forte corpulence ; le localiseur corrige en partie cet inconvénient.

De nombreux auteurs ont étudié le moyen de l'éviter complètement en interposant des cellules de plomb entre la plaque et le sujet, ou en agitant une sorte de grille pendant l'opération ; ces applications ne sont pas encore du domaine de la pratique.

§ 4. — Accessoires de protection.

Protection. — Nous avons vu que le tube était le plus souvent maintenu dans une ampoule en verre plombeux, cette précaution est indispensable pour protéger l'opérateur des radiations qui ne tarderaient pas à provoquer des radiodermites par suite d'expositions successives.

Nous préconisons également les cupules en matière spéciale du docteur Angebaud, plus légères, moins fragiles et d'un degré d'opacité supérieur au verre plombeux.

Il est indispensable, en radioscopie, de compléter cette protection, au moyen de gants fabriqués en tissu imperméable aux rayons X ; de nombreux modèles existent, les meilleurs sont ceux terminés par de larges manchettes qui protègent à la fois les mains (faces palmaire et dorsale) et les avant-bras.

On peut pousser la prudence jusqu'à employer un tablier en tissu plombeux, pour compléter la protection lorsque le tube se trouve sous le blessé.

La protection de la figure, et des yeux en particulier, est obtenue en employant une paire de lunettes dont les verres en cristal ou en verre plombeux sont opaques aux rayons X. L'écran radioscopique doit aussi porter à la surface un verre plombeux qui complète la protection de la figure.

Fig. 83. — Paravent.

Dans les installations fixes, la protection de l'opérateur est assurée soit par des dispositifs de pieds munis de pinces permettant de serrer un cadre de bois qui maintient un verre au plomb, soit encore par de véritables paravents à un ou plusieurs panneaux. Le modèle le plus pratique est constitué par un plateau de bois mesurant environ 1 m. 80 de haut sur 60 à 80 centimètres de large (fig. 83). Il est tenu vertical au moyen de pieds à roulettes pour pouvoir le placer dans un endroit convenable de la salle d'opération. La partie inférieure est garnie d'une feuille de plomb de 1 millimètre d'épaisseur environ et vers le milieu, à hauteur de la vue, le panneau entaillé porte un verre au plomb. Ce dispositif de protection est, à la fois, efficace et pratique dans le cas de radiographie.

Cependant, si bien combinés que puissent être les dispositifs de protection, il faut avouer qu'on ignore encore à l'heure actuelle, les moyens réellement efficaces à employer. Si l'on songe, en effet, qu'avec les tubes Coolidge on arrive aisément à radiographier des plaques de blindage de 50 à 60 millimètres de diamètre, des culots d'obus, des cartères et des cylindres de moteurs, comment concevoir que le praticien puisse rester impunément près d'une ampoule en activité pendant les longues heures qui s'additionnent au cours des examens radioscopiques réitérés et sans autre protection que les quelques millimètres de verre au plomb qui recouvrent l'écran, ou des substances plus ou moins riches en produits de poids moléculaire élevé dont sont constituées les cupules. — La pratique constante de la radioscopie et des méthodes sous le contrôle des rayons X, si en faveur à juste titre pour le succès de l'acte opératoire, devient un danger latent pour le radiologiste soucieux du seul intérêt des blessés. Aussi on ne saurait trop recommander d'opérer toujours avec les gants les plus opaques et par conséquent les plus lourds, si incommodes soient-ils, de réduire les examens au temps strictement nécessaire après avoir attendu que l'accommodation soit complète, de limiter le champ éclairé en réduisant au minimum l'ouverture utile du diaphragme, de faire des radiographies toutes les fois que le besoin de la radioscopie ne se fait pas impérieusement sentir.

§ 5. — ÉCRANS RADIOSCOPIQUES ET RENFORÇATEURS.

Radioscopes. — Comme son nom l'indique, le radioscope ou écran radioscopique sert aux examens. Il se présente sous deux formes, soit comme simple écran, soit comme une sorte de soufflet d'appareil photographique portant une bonnette à la partie supérieure et un écran à la partie inférieure. Cet appareil présente surtout un intérêt dans les installations mobiles où l'obscurité de la salle radiographique n'a pu être faite que provisoirement par des moyens de fortune, couvertures tendues le long des fenêtres, par exemple.

L'écran, constitué par une couche de platino-cyanure de baryum étendue sur un carton tendu sur un cadre, est d'une certaine fragilité, aussi est-il protégé d'un verre qu'on utilise le plus souvent comme protecteur.

Après un long usage, si des taches brunes se pro
duisent et ne sont pas trop anciennes, on arrive parfois à les faire disparaître en exposant l'écran aux
rayons du soleil.

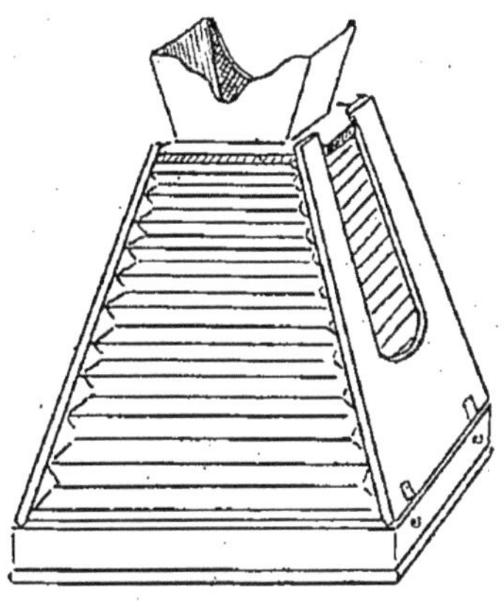

Fig. 84. — Écran radioscopique et sa bonnette.

Calques radioscopiques. — L'emploi de plus en plus
fréquent de la radioscopie a fait naître la nécessité de
fixer l'image radioscopique du sujet, qu'on vient d'examiner, par un dessin sommaire qui résume les contours de l'organe intérieur, les points particuliers de
la lésion, l'emplacement des projectiles. Un moyen
simple consiste à faire le tracé directement sur le
verre protecteur au moyen d'un crayon gras, dans le
genre des crayons dermographiques. On peut également appliquer un papier-calque sur le verre de
l'écran et dessiner sur ce papier.

Le papier calque ordinaire est malheureusement
assez opaque et nuit à la visibilité de l'image radio-

scopique. Nous conseillerions vivement l'emploi de substances transparentes comme la cellophane, si ce produit n'était d'un prix un peu élevé lorsqu'on a de nombreux croquis à prendre. Le Service de santé fournit aux formations radiologiques des papiers calques assez transparents sur lesquels figurent un certain nombre de légendes, qui permettent de consigner des

Fig. 85. — Écran muni du dispositif « Tendcalque ».

notes d'une interprétation claire et précise. Cependant, il est assez mal aisé de fixer ces papiers contre le verre de l'écran; on peut recourir à des punaises, ou à des baguettes de bois, mais c'est une perte de temps et un procédé peu pratique à faire dans l'obscurité de la salle d'examen.

Nous lui préférons le dispositif « Tendcalque » qui, comme le montre la figure 85, est constitué par une sorte de cadre en métal, monté à charnière dans l'encadrement de l'écran. Lorsqu'on veut placer le calque, on soulève la monture, on pose le papier à plat sur le verre, puis on referme ; le papier se trouve pincé et très suffisamment assujetti pour pouvoir commodément dessiner.

Un perfectionnement de ce dispositif a conduit à faire un cadre porte-écran spécial ; celui-ci au lieu de porter l'écran contre sa face postérieure, le maintient au contraire de façon que le verre protecteur soit à fleur de la face antérieure du cadre. Cette disposition permet, tout d'abord, de dessiner beaucoup plus commodément, puisque le calque peut reposer à plat, au lieu d'être dans le renfoncement du cadre.

Ensuite, l'écran se trouve mieux protégé d'un choc possible en le posant sur un objet en relief, et c'est une précaution qui n'est pas à dédaigner, vu la valeur sans cesse croissante de cet outil si souvent manié par le radiologiste.

Enfin, la face postérieure du cadre est garnie d'une feuille d'aluminium très mince, qui, tout en complétant la protection de l'écran, est une substance lavable qu'on peut aseptiser entre chaque examen pour ne pas risquer de colporter du pus ou des substances malpropres d'une plaie à une autre au cours de divers examens. Il est utile d'ajouter qu'une épaisseur de 5/10 de millimètres d'aluminium ne diminue en rien la luminosité de l'écran.

Accommodation. — Il est une recommandation essentielle sans laquelle avec le meilleur appareillage il est impossible de pratiquer les examens radioscopiques.

Outre que l'obscurité absolue de la salle facilite considérablement l'observation à l'écran, il est de toute nécessité que l'opérateur soit accommodé, c'est-à-dire que sa rétine ne soit plus impressionnée par la lumière du jour. Le temps nécessaire à l'accommodation est variable avec chaque sujet, mais il n'est pas exagéré de dire qu'il faut une dizaine de minutes environ, pour que l'acuité visuelle soit complète. Pour éviter l'erreur qui résulte de cette obligation de rester dans l'obscurité, on peut placer devant ses yeux des lunettes de chauffeur munies de verres violet foncé, et les retirer au moment de l'examen radioscopique.

(Certains auteurs ont préconisé le rouge, pour notre part nous pensons qu'il est préférable de choisir une couleur qui, dans le spectre, ne soit pas voisine du jaune, du vert, ni de l'orangé, et c'est la raison pour laquelle nous avons choisi le violet, complémentaire du jaune vert.)

Contrôle chirurgical sous l'écran. — Les examens radioscopiques consécutifs aux opérations chirurgicales sont maintenant entrés dans la pratique courante pour les extractions de projectiles.

De nombreux auteurs ont préconisé pour ces examens les modèles de bonnettes les plus divers, il est juste cependant de dire que M. le docteur Bouchacourt est l'instigateur de la méthode, en ce qui concerne tout au moins l'examen localisé sur un écran de petite dimension. Nous n'entreprendrons pas la description de tous les modèles, nous risquerions de nous perdre dans des considérations de commodités, de dimensions, de fixation, de légèreté, etc., que les impressions personnelles de ceux qui les emploient peuvent seules défendre

Deux raisons nous conduiront à décrire le « Manu-diascope » de Bouchacourt : la légèreté du système d'abord, la disposition simple qui permet à l'opérateur de passer instantanément de la vision ordinaire à la

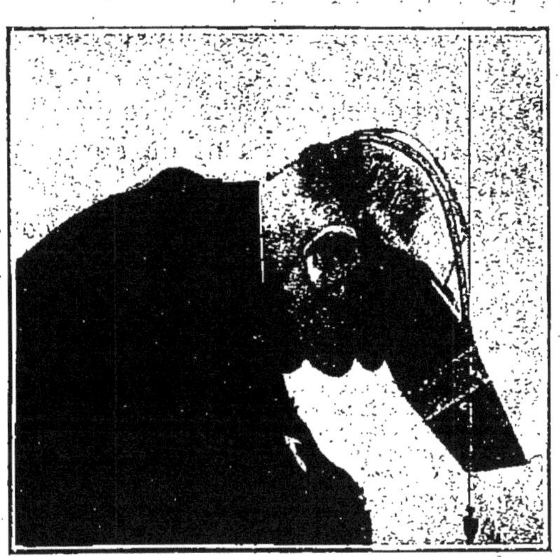

Fig. 86. — Radiologue muni du « manudiascope » Bouchacourt.

vision radioscopique, si nous pouvons nous exprimer ainsi.

La légèreté a été résolue : 1° en donnant à l'écran la dimension strictement nécessaire et suffisante, étant entendu qu'une préparation ou examen radioscopique préalable avec un grand écran doit toujours précéder l'opération, et qu'il ne s'agit ici absolument que d'un contrôle sous l'écran d'une région déjà explorée et connue; 2° en construisant l'appareil en aluminium, avec une double gaine stérilisable. Grâce à cette légèreté l'appareil peut être maintenu au moyen d'un simple ressort cambré et de cordons élastiques, à la manière d'un miroir frontal de laryngologiste.

L'accommodation et le passage à la radioscopie se font très simplement. Le fond de l'appareil porte à

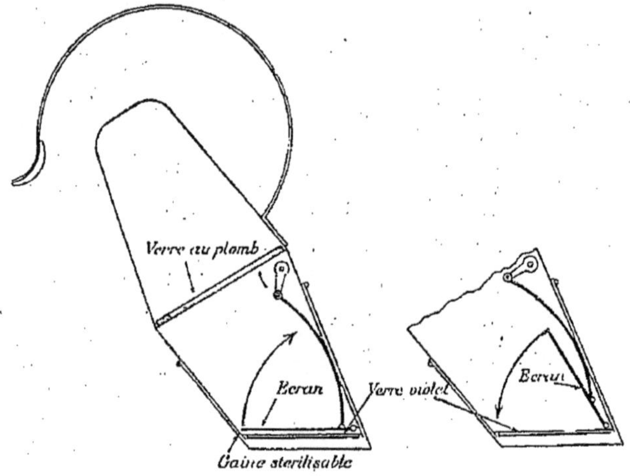

Fig. 87. — Coupe du manudiascope montrant les deux positions de l'écran.

poste fixe un verre teinté, violet de préférence, couleur complémentaire du jaune verdâtre des écrans ; l'opérateur n'est soumis à aucune impression lumineuse qui pourrait nuire à son accommodation. Il voit donc suffisamment pour se déplacer tout en conservant son acuité visuelle pour l'examen du sujet aux rayons X.

Pour passer à cet examen, il n'aura d'ailleurs qu'à agir sur un simple bouton placé à l'extérieur de l'appareil et l'écran radioscopique prendra naturellement sa place.

Enfin, nous ferons remarquer, que la disposition en biseau de la base de l'appareil rend la position de l'opérateur moins fatigante et la protection plus efficace. Relativement à ce dernier point, l'auteur a maintes fois insisté sur ce que les examens durent juste le temps nécessaire pour constater si l'extraction du projectile se poursuit normalement et recommande de limiter le faisceau au strict nécessaire pour éclairer la faible surface de l'écran en réglant l'ouverture du diaphragme de la cupule.

Pour toutes observations cliniques nous reportons aux intéressantes communications qui ont été faites sur l'emploi de cet appareil, d'une application courante dans certains centres chirurgicaux notamment ceux où opère M. le docteur Delagenière.

La vulgarisation des procédés de contrôle sous les rayons X pendant les interventions chirurgicales a conduit à modifier quelque peu la forme générale des installations destinées à servir dans ces conditions.

Pour alimenter l'ampoule radiogène fixée sous la table de chirurgie, les éléments nécessaires se trouvent généralement groupés sous forme d'un meuble aussi peu encombrant que possible monté sur roulettes pour être facilement déplacé. Le meuble comporte en outre une longueur de câble suffisante pour le brancher instantanément à une prise de courant prévue en un point de la salle (fig. 88).

Faisant abstraction de toute question esthétique, la seule préoccupation des constructeurs aura dû être de constituer un bloc aussi compact que possible

Fig. 88. — Type d'installation mobile pour salle d'opération.

et d'éviter par ce fait des espaces vides dans lesquels les poussières, ennemies des salles d'opérations, pourraient s'accumuler. La figure représente un des types qui semble atteindre ce but, naturellement le ripolin blanc est de rigueur.

Porte-plaques ou châssis-pose. — Le procédé le plus simple pour soustraire aux rayons de la lumière les plaques sensibles radiographiques, consiste à les enfermer dans deux enveloppes, l'une de papier noir, l'autre de papier rouge ; on peut avoir de telles plaques tout enveloppées des deux formats presque exclusivement employés, 18 × 24 et 24 × 30, de sorte que les opérations se succèdent sans perte de temps. On aura soin, dans ce cas, de n'apporter les plaques dans la salle qu'à mesure des besoins, pour éviter que l'action des rayons X, même à grande distance, impressionne celles qui n'auraient pas été utilisées.

Il sera bon également de poser la plaque bien d'aplomb sur les planches du lit de façon que le poids du patient ne la brise pas.

On utilise aussi, à la place des enveloppes, un châssis spécial pour recevoir les plaques.

Il existe différentes grandeurs de châssis permettant d'employer des formats intermédiaires : une grandeur convenable correspond à celui 30 × 40 avec intermédiaires en carton pour caler en coin une plaque 24 × 30 ou une plaque 18 × 24.

Ces châssis sont généralement constitués par une sorte de boîte fermée par un cadre métallique portant un fond en carton. On pose la plaque, le côté gélatine contre le carton, et l'on ferme à l'aide d'un couvercle en métal feutré vers le verre et muni d'un système de crochets ou de taquets.

Certains châssis sont construits en bois et carton. Les châssis-pose ne présentent de réel intérêt que si l'on expose la plaque photographique avec un écran renforçateur.

Écrans renforçateurs. — Les écrans renforçateurs permettent de réduire considérablement le temps de pose des radiographies. Actuellement les écrans de bonne qualité que l'on fabrique permettent d'obtenir, au dire de leurs auteurs, une réduction du temps de pose dans le rapport de 10 à 1 avec des rayons de dureté 7 B (1).

L'écran est constitué par une feuille de cartoline ou papier fort enduit d'une mince couche de tungstate de baryum pur. Il doit être placé en contact parfait avec la plaque, de façon à ce que la couche de tungstate de baryum soit en contact immédiat avec l'émulsion sensible de la plaque.

(1) *M. le docteur Beauprez à qui nous devons la formule des temps de pose indiquée page 123 résume ainsi les conditions dans lesquelles il est bon d'utiliser l'écran renforçateur.*

« Calcul du temps de pose avec écran renforçateur. — *Il est d'opinion courante que les écrans renforçateurs actuels permettent d'obtenir de bonnes radiographies en divisant par 10 le temps de pose nécessité par la radiographie sans écran.*

En 1915-1916, dans mon service de radiographie à l'hôpital militaire Villemin à Paris, j'ai pu faire quelques recherches à ce sujet et il m'a paru que ce chiffre de 10 n'est pas fixe, qu'il n'est qu'un minimum et qu'il s'élève progressivement jusqu'à 20 selon que l'épaisseur des parties à radiographier diminue. Plus l'épaisseur est forte, moins le diviseur doit être élevé, et inversement. Pour un bassin d'adulte, il y a lieu de diviser le temps de pose normal par 10, pour une épaule par 14 ou 15, pour un avant-bras, par 15 à 16 et pour

L'effet de renforcement est dû à ce fait que les rayons X tout en agissant sur l'émulsion sensible sont fort peu absorbés par elle. Ils arrivent donc encore presque intégralement à l'écran renforçateur qui produit au contact immédiat de la plaque une sorte de fluorescence dont l'effet actinique s'ajoute à l'effet des rayons X.

Pour utiliser les écrans renforçateurs, on emploie des sortes de châssis (p. 195) comparables aux châssis-presse qui servent à tirer les positifs photographiques mais la glace du châssis photographique est remplacée là par un carton noir épais.

On doit s'assurer que le châssis est bien étanche à la lumière.

Il est préférable que l'écran renforçateur soit mis de telle façon que les rayons X traversent la plaque photographique avant d'atteindre l'écran. On doit s'assurer qu'il n'y a pas de corps étrangers ou poussières entre la plaque et l'écran.

L'emploi des écrans nécessite de grands soins; la moindre éraflure ou tache produit un défaut local que l'on retrouvera sur toutes les plaques. C'est là le grand inconvénient des écrans, aussi n'y a-t-on recours que si l'on tient essentiellement à avoir des poses très courtes.

Les écrans renforçateurs rendent de grands services pour la radiographie dite instantanée (poses de l'ordre de 1/10 à 1 seconde).

Ils permettent également d'utiliser, pour faire des

une main par 18 à 20. Les radiographies obtenues dans ces conditions sont aussi nettes que si elles avaient été obtenues sans écran. »

radiographies directes, les papiers à contrastes pour positifs, dont la sensibilité est de 20 à 60 fois moindre que celle des plaques radiographiques courantes.

Nous avons utilisé dans ce dernier cas un dispositif de châssis-presse extrêmement commode. Il est constitué par une sorte de portefeuille formé de deux plaques du format du papier employé, réunies sur une de leurs arêtes par une bande de toile gommée (on peut prendre deux vieux clichés auxquels on enlève la gélatine). On place dans ce portefeuille de verre le papier sensible et l'écran, couche sensible en contact avec la couche active, et on enferme le tout dans une double enveloppe noire et rouge, comme une plaque ordinaire. Les plaques de verre, grâce à leur rigidité et leur planéité, assurent un contact parfait entre le papier sensible et l'écran.

Nous avons dit que les écrans renforçateurs étaient d'une grande fragilité, quelquefois la couche active est protégée par une feuille adhérente en celluloïd, ce qui rend l'écran plus facilement maniable sans toutefois diminuer son activité.

Il existe deux moyens de placer l'écran renforçateur en contact avec la plaque : 1° Placer l'écran, couche renforçatrice en dessus, gélatine de la plaque, verre de la plaque et patient; dans ce cas, il faudra tenir compte dans la lecture des radiographies que la gélatine doit être tournée vers l'observateur pour voir l'épreuve dans son sens réel;

2° Verre de plaque, surface sensible, couche renforçatrice et patient; l'épreuve sera regardée verre tourné dans la direction de l'observateur.

Les deux méthodes donnent de bons résultats, et

une simple question de convenance personnelle peut faire préférer l'une à l'autre.

Plomb. — A défaut d'écrans renforçateurs, certains auteurs ont conseillé de toujours interposer entre la plaque et la table une feuille de plomb ou de zinc.

Ce métal n'a pas d'action renforçatrice, mais évite dans une certaine mesure les effets du rayonnement secondaire qui prend naissance au contact du bois de la table. Il contribue donc à donner une netteté plus grande à l'épreuve.

Numérotage des clichés. — Avant d'entrer dans le détail des opérations photographiques, il importe de savoir comment chaque cliché peut être numéroté.

Le moyen le plus simple est évidemment d'inscrire le nom ou le numéro du blessé au crayon sur la gélatine avant d'immerger le cliché dans le bain de développement.

Cependant, le crayon peut s'effacer; pour éviter cet inconvénient, on peut tracer les chiffres à la pointe; de cette façon ils se reproduisent lorsqu'on fait un tirage sur papier.

Mais, si l'on désire la perfection, on fait usage d'une sorte de composteur « Nécessaire Radio-Chiffres » composé de chiffres en métal épais, montés sur une mince feuille d'aluminium, qu'on peut assembler pour former le nombre ou la marque correspondante au cliché.

Il suffit alors, au moment de la pose, de placer le petit appareil sur un coin de la plaque, pour que le numérotage apparaisse d'une façon indélébile sur le cliché.

§ 5. — Opérations photographiques.

Les opérations photographiques relatives à la radiographie en campagne ne présentent de particularités qu'en ce sens qu'elles doivent s'effectuer avec un matériel aussi réduit que possible, et d'une façon rapide et simple.

Il y a en effet grand intérêt à pouvoir développer chaque cliché au fur et à mesure de sa production, car il arrive fréquemment que l'examen d'une épreuve indique la nécessité d'en reprendre une seconde dans des conditions différentes.

La chambre noire. — Dans une installation fixe (hôpital, ambulance immobilisée) on improvise une chambre noire dans une cave dont on bouche le soupirail, ou dans une pièce quelconque dont on garnit les ouvertures de papier épais ou de couvertures. On peut coller du papier noir ou du carton épais sur les vitres en en réservant une qui sera recouverte d'un carreau rouge ou de deux ou trois épaisseurs de papier rouge servant à envelopper les plaques.

Ce procédé ne dispense pas d'ailleurs d'avoir en outre un éclairage artificiel. Une lampe Pigeon à essence munie d'un verre rouge et d'un fumivore, suffit à tous les besoins.

Il est utile de s'assurer que dans la chambre noire ne pénètre aucune lumière blanche et que la lumière rouge employée est assez atténuée pour ne pas donner de voile. A cet effet, on exposera pendant cinq minutes une plaque, dont une moitié restera enveloppée de papier noir, à une distance de 20 centimètres de la lampe ou du carreau rouge, et après développement et fixage, on comparera les deux moitiés de la plaque. Si l'éclairage rouge est convenable on ne constatera pas de différence sensible entre les deux moitiés de la plaque. Si la moitié non enveloppée de la plaque est moins transparente que l'autre, l'éclairage du laboratoire est encore actinique, et on devra l'atténuer encore au moyen de carreaux ou de papiers rouges supplémentaires.

Dans les laboratoires radiologiques automobiles, il y a un grand intérêt à aménager la chambre noire dans la voiture elle-même. Ces laboratoires peuvent en effet être appelés à fonctionner dans des ambulances ne possédant comme local qu'une tente ou une seule grande pièce où il est pratiquement impossible d'improviser rapidement une chambre noire. Même dans les formations sanitaires les plus favorisées, la recherche d'un local convenable et son aménagement donneront lieu à des pertes de temps fâcheuses, surtout si la voiture doit desservir plusieurs formations sanitaires dans une même journée.

A défaut d'une carrosserie aménagée spécialement, on peut, dans une carrosserie fermée ordinaire (limousine, voiture de livraison) constituer une chambre noire étanche à la lumière, et munie de consoles formant tables.

Matériel, plaques et papiers. — Les radiographies peuvent être faites soit sur plaques de verre, soit sur papier. Nous ne citerons que pour mémoire les plaqués métalliques ferrotypes et les émulsions « Sécuritas » dans lesquelles le support est constitué par une feuille de gélatine munie d'une armature de carton ; ces succédanés des plaques sur verre ne sont pas entrés dans la pratique courante, malgré l'intérêt considérable qu'il y avait à remplacer le verre qui est coûteux, lourd, fragile. On a renoncé également d'une façon absolue à l'emploi des papiers négatifs, constitués par une émulsion de même sensibilité que celle des plaques, mais coulée sur papier. Ces papiers ne donnent que des épreuves grises, sans contrastes.

Au contraire on obtient d'excellentes radiographies directes avec les papiers positifs à contrastes, à condition de les employer avec un écran renforçateur, et seulement pour les parties peu épaisses du corps, pied (de profil) main, bras, jambe, cuisse.

Avec un peu d'expérience et d'habileté on arrive même à faire sur papier des radiographies directes de crânes de face et de profil.

L'inconvénient de l'emploi du papier, même avec écran renforçateur, est de nécessiter une pose de 2 à 6 fois supérieure à celle qu'il faudrait pour une plaque extra-rapide, sans écran renforçateur. En outre, les négatifs sur papier ne peuvent évidemment servir à tirer des positifs (1). Par contre ils sont légers, transportables et peu coûteux.

---

(1) S'il s'agit de radiographies faites sur papier rapide dans le genre des papiers au bromure pour les agrandissements, on peut prendre comme règle que les temps de pose sont sensiblement les mêmes quand on interpose l'écran renforçateur que si on opérait directement avec des plaques sans écran.

Les formats utilisés tant en plaque qu'en papier sont surtout 18 × 24 et 24 × 30. Le format 13 × 18 peut s'employer dans des cas de recherches très localisées. Le format 30 × 40 est d'un maniement difficile et lorsqu'il est nécessaire il vaut mieux avoir recours à deux radiographies sur 24 × 30.

Le matériel de développement indispensable se réduit à cinq ou six cuvettes 24 × 30 ou 30 × 40 qui pourront être en carton durci, en porcelaine ou en tôle émaillée pour les laboratoires mobiles (1 pour le développement, 3 ou 4 pour le lavage à l'eau et 1 pour le fixage), un entonnoir et deux flacons d'un litre, l'un pour le révélateur, l'autre pour le fixage. En hiver, il est utile d'avoir en outre une casserole émaillée et un réchaud à alcool pour amener les bains à la température de 15 à 20° lorsqu'ils ont séjourné dans un local froid. L'emploi de bains trop froids allonge en effet d'une façon exagérée la durée des traitements chimiques.

Enfin, il est utile, lorsque l'on peut avoir à faire un grand nombre de radiographies dans une même séance, d'adjoindre au matériel précédent une cuve verticale en zinc avec panier 24 × 30 pouvant contenir verticalement 12 plaques et servant au lavage final des clichés fixés.

Produits. Manipulations photographiques. — On peut employer pour le développement des plaques et papiers les révélateurs à base de métol-hydroquinone ou de révélateur au diamidophénol. Toutes les formules de révélateurs sont d'ailleurs admissibles pourvu que l'on sache s'en servir.

La formule qui nous a paru la meilleure est la suivante :

<table>
<tr><td>Eau . . . .</td><td>1.000 gr.</td><td rowspan="6">Ce bain
se conserve
indéfiniment
en flacons
bouchés.</td></tr>
<tr><td>Sulfite de soude anhydre. . . .</td><td>50 —</td></tr>
<tr><td>Carbonate de soude sec (sel Solvay).</td><td>80 —</td></tr>
<tr><td>Hydroquinone . . . .</td><td>8 —</td></tr>
<tr><td>Métol . . . .</td><td>5 —</td></tr>
<tr><td>Bromure de potassium . . . .</td><td>2 —</td></tr>
</table>

Ces produits étant peu altérables à l'air sec, on peut préparer à l'avance des doses de chacun d'eux pour 1 litre de révélateur, et conserver ces doses dans des sachets de papier que l'on réunira dans une boîte de fer blanc ou une enveloppe imperméable.

Pour l'usage, on dissout d'abord le métol et l'hydroquinone puis ensuite les autres produits.

Ce bain doit être dilué de deux fois au moins son volume d'eau quand on s'en sert pour développer des papiers.

Beaucoup de photographes emploient le diamidophénol.

<table>
<tr><td>Eau . . . .</td><td>1.000 grammes.</td></tr>
<tr><td>Sulfite de soude sec . . .</td><td>40 —</td></tr>
<tr><td>Diamidophénol . . . . . .</td><td>5 —</td></tr>
</table>

On prépare à l'avance une solution de sulfite de soude à 200 grammes par litre d'eau, et au moment de l'usage seulement on étend cette solution concentrée à 5 fois son volume en y ajoutant de l'eau, puis à ce bain dilué on ajoute la dose de diamidophénol. Le bain contenant son diamidophénol ne se conserve pas plus d'une ou deux heures. La solution concentrée de sulfite de soude se conserve indéfiniment.

D'après notre expérience personnelle les bains au métol-hydroquinone donnent des contrastes plus durs que les bains au diamidophénol, ce qui est à rechercher en radiographie.

Avec la formule au métol-hydroquinone que nous avons indiquée plus haut, un litre de révélateur peut

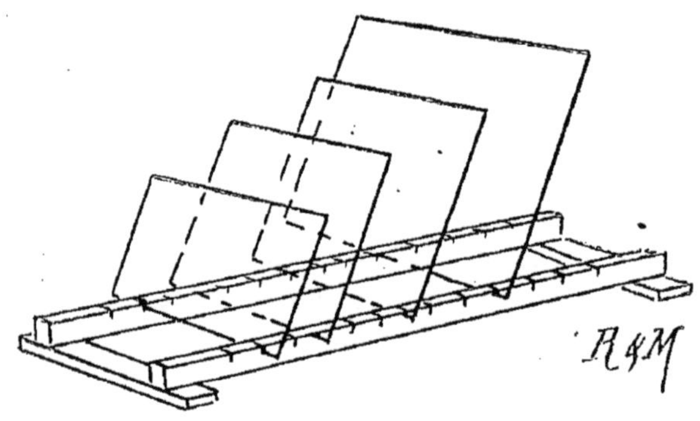

Fig. 89. — Séchoir.

développer de 12 à 15 plaques 24 × 30. A la température de 15 à 20 degrés centigrades, la durée normale d'apparition de l'image est comprise entre 20 et 40 secondes, le développement est fini dans un temps égal à environ 12 fois celui de l'apparition de l'image.

On doit voir apparaître alors les grands noirs (parties de la plaque extérieures à la silhouette du sujet) très nettement au dos de la plaque, le restant de la plaque étant gris et les parties osseuses se détachant en gris clair ou blanc sale.

Après rinçage à l'eau, on fixe dans une solution d'hyposulfite concentrée (20 à 30 p. 100) additionnée de 2 p. 100 de solution de bisulfite de soude. On doit prolonger le séjour dans le bain de fixage, quelques minutes après que les dernières traces blanchâtres ont disparu au dos de la plaque.

Le lavage final doit durer au moins une demi-heure si l'on dispose d'eau courante, et deux heures dans le cas contraire. On doit alors renouveler l'eau de lavage au moins deux fois.

On abrège considérablement les lavages en trempant les plaques fixées, puis rincées quelques secondes à l'eau, dans une solution à 1 p. 100 d'extrait d'eau de javel, pendant cinq minutes. Un dernier lavage à l'eau durant dix minutes est alors suffisant.

Lorsqu'on veut faire sécher rapidement les plaques on les immerge après le dernier lavage, pendant 5 minutes, dans de l'alcool à 90°, dénaturé ou non. On laisse ensuite égoutter et sécher verticalement.

Tirage des positifs. — S'il est utile de donner au chirurgien un positif de la radiographie, on emploiera, pour le tirage, les papiers par développement à l'exclusion des papiers par noircissement direct qui, sauf à de rares moments, exigent un temps d'insolation exagéré et des bains spéciaux. Au contraire, pour les papiers par développement, on peut employer les mêmes bains que pour les négatifs. L'insolation des positifs doit se faire à la lumière artificielle, la lumière du jour variant dans des limites considérables et son intensité étant toujours délicate à évaluer.

Il y a avantage à employer pour ces tirages une lu-

mière faible afin d'accentuer les contrastes. On peut
simplement se servir de la lampe Pigeon qui sert à
éclairer le laboratoire et dont on retire le verre rouge
pendant un temps convenable. On maintient la flamme
à une hauteur approximativement constante, et après
quelques essais préliminaires on s'habitue vite à évaluer, suivant l'opacité du cliché, le temps de pose
nécessaire.

Avec les papiers Lumière au gélatino-bromure rapides (F R ou C R) la flamme ayant environ 25 millimètres et étant placée à 50 centimètres de la plaque,
les temps de pose varieront de 15 à 100 secondes suivant l'opacité des clichés.

Le développement et le fixage se font d'une manière identique aux opérations correspondantes pour
les négatifs. Pour éviter les taches il est bon de
mouiller le papier impressionné avant de le plonger
dans le développement.

Afin d'éviter l'emploi de châssis-presse encombrants,
on peut impressionner le papier en l'insérant entre le
négatif à tirer et une feuille de carton épais ou un
autre cliché de même dimension et tenant le tout au
moyen de pinces de blanchisseuse placées aux coins.
On pourra même par ce procédé tirer des positifs de
clichés non séchés, immédiatement après fixage suivi
d'un lavage de deux ou trois minutes. Il suffira pour
cela, soit de mouiller le papier avant de le mettre en
contact avec la gélatine (on doit éviter soigneusement
les bulles d'air lors de cette mise en contact) soit
d'appliquer le papier sec sur le côté verre du cliché
préalablement essuyé avec soin.

En terminant nous remarquerons que pour voir

une image radiographique négative dans le même sens que sur l'écran radioscopique, il faut tenir le côté verre de la plaque tourné vers soi, le côté gélatine en dehors. Un positif tiré gélatine contre gélatine donne une image de même sens que celle vue sur

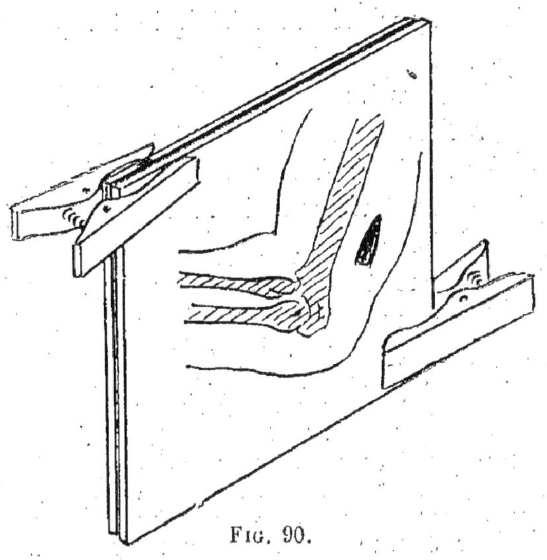

Fig. 90.

l'écran fluorescent. Un positif tiré en mettant le côté verre du négatif en contact avec le papier donne une image de sens inverse.

Négatoscope. — Au chapitre du repérage des corps étrangers, nous décrivons (page 327), un négatoscope de fortune qui peut être extrêmement pratique, soit pour l'examen des clichés simples, soit pour celui des clichés stéréoscopiques. Dans une installation fixe, on pourra utiliser des appareils plus perfectionnés, surtout au point de vue de la parfaite répartition de l'éclairage.

Il existe même des modèles qui permettent de graduer cet éclairage au moyen d'un rhéostat additionnel pour faciliter l'examen des clichés plus ou moins durs et rendre ainsi visibles certains détails qui auraient pu échapper à l'examen sommaire au jour. Il ne peut être question de ces appareils que pour les installations fixes assez importantes.

CHAPITRE V

LES ÉQUIPAGES RADIOLOGIQUES

Avant d'entreprendre l'étude et la description des
différents types d'équipages radiologiques actuellement en service dans la zone territoriale et sur le
front, il n'est pas sans intérêt de jeter un regard en
arrière, et de retracer ici la genèse de la voiture radiologique telle qu'elle fut primitivement conçue par ses
divers auteurs.

Analysant l'évolution des idées qui présidèrent à
la création de ces équipages, nous chercherons à
dégager des conclusions personnelles qui pourrout
contribuer à l'amélioration d'une organisation si
récente qui se perfectionne chaque jour, grâce à l'activité de toutes les compétences.

La multiplicité des modèles qui ont été construits
pendant la guerre en s'inspirant des deux ou trois
types étudiés antérieurement mais surtout de l'unique
voiture qui existait à la mobilisation, prouve que,
même à l'heure actuelle, il n'y a pas encore unité
absolue de conception.

Cette diversité qu'on peut partiellement expliquer par la difficulté de se procurer des châssis d'une même marque, doit certainement amener des complications sérieuses dans l'approvisionnement en pièces de toutes natures qu'il est indispensable de renouveler, dans l'exécution des réparations, et dans la substitution des équipes inégalement rompues à l'emploi d'appareillages différant entre eux.

A ces divers points de vue, il eût été désirable que le Service de Santé se cantonnât dans des types de matériels parfaitement définis et établis suivant des principes semblables, tout comme l'artillerie possède des canons tous bâtis d'après les mêmes conceptions suivant leur utilité. Les besoins ont dû dépasser la production, le temps a probablement manqué, on est allé au plus pressé.

Quoi qu'il en soit, on peut trouver une compensation à cet état de choses, en considérant que cette variété de modèles aura procuré l'occasion d'envisager la question sous ses formes les plus diverses.

Il est aussi permis d'espérer qu'il ne restera, plus tard, qu'à choisir impartialement ou qu'à glaner parmi les divers modèles, les particularités intéressantes de chacun, pour aboutir enfin à l'organisme le plus voisin de la perfection

Le but initial de la voiture. — Desservir les formations sanitaires fixes du territoire dont l'importance ne saurait justifier l'immobilisation d'un matériel et d'un personnel spécial pour chacune de ces formations.

Desservir les ambulances dont l'importance ne

justifie pas non plus l'adjonction d'un matériel portatif et dont la mobilité doit être telle qu'il soit nuisible de compliquer encore le transport de son matériel considérable d'objets de pansements, d'arsenal chirurgical, et d'ustensiles de toute nature par tous les organes d'une installation radiologique si sommaire soit-elle.

Tel est le but initial de la création d'une voiture spéciale, pour ne pas priver du secours de la radiologie ces formations sanitaires moins bien partagées que les autres, et cela, toutes les fois que la présence d'un ou de plusieurs blessés justifie son emploi.

Dans de telles conditions, la conception d'une voiture se présente assez complexe, pour en faire l'organisme rêvé, d'une puissance suffisante pour pratiquer tous les examens sans toutefois devenir encombrant, peu maniable et entraînant une dépense d'entretien qui ne soit pas supérieure à l'organisation de plusieurs petits postes fixes judicieusement répartis.

Le but actuel. — Cependant, l'emploi de la radiologie s'est considérablement généralisé, on n'a plus eu à considérer seulement la voiture que comme l'auxiliaire indispensable de ces formations déshéritées.

On a multiplié le nombre des postes fixes, on a attribué une importance plus grande à certaines ambulances. Il a donc fallu les munir du matériel nécessaire aux grandes interventions, c'est ce qu'on a fait en créant des ambulances chirurgicales et plus simplement encore en complétant les ambulances déjà existantes avec des appareils d'éclairage, de stérilisation, de chauffage et de radiologie.

De là est venue la nécessité de construire des voitures d'un genre différent puisque leur emploi différait lui-même.

Quel mode de traction adopter. — En recherchant des travaux antérieurs, nous sommes obligés de faire cette constatation pénible que, dès 1900, l'Allemagne possédait déjà des équipages radiologiques à traction animale.

Fig. 91. — Voiture radiographique de l'armée allemande.

Les uns affectaient la forme de chariots attelés à une prolonge du genre de celles qu'emploie l'artillerie ; on en trouve des gravures dans le journal *Fortschritte auf dem Gebiete der Rœntgenstrahlen.*

Leur description est d'ailleurs suivie d'une étude fort intéressante sur les blessures par balles des divers armements, ainsi que de laborieuses statistiques.

D'autres matériels plus récents rappellent la forme

Fig. 92. — La même voiture ouverte montrant l'aménagement
des appareils.

de nos anciennes voitures-ateliers du génie, ou des

fourgons de parcs. Ce sont des chariots à quatre roues avec des compartimentages aménagés pour recevoir les appareils.

Une nomenclature du matériel avec de nombreuses planches donnant le détail de tous les organes, leur utilité, leur montage, jointe à un manuel opératoire très complet, forme un volume respectable de 300 pages et prouve que là comme dans les autres services, la

Fig. 93. — Comment les Allemands improvisaient une table d'opération radiologique.

préparation était complète et que rien n'était laissé au hasard. On donne jusqu'aux indications qui doivent guider dans le choix de l'emplacement de la salle de radiographie dans des locaux réquisitionnés : les dimensions nécessaires, la façon d'improviser une table avec les portes décrochées du local en question, l'utilisation de chaises pour soutenir un brancard, etc.

Mais si la lecture de cet ouvrage nous apprend que la source électrique était constituée déjà par un groupe électrogène (solution à laquelle on tend à s'arrêter maintenant), nous y trouvons aussi tous les détails qui se rattachent à l'approvisionnement des chevaux en avoine, paille, etc., et ces considérations nous incitent peu à adopter ce mode de traction.

Tout au plus aurait-on pu songer à constituer des équipages radiologiques à traction animale, si on avait voulu en munir chaque ambulance possédant encore ses chars archaïques et la file de ses voitures réquisitionnées aux silhouettes les plus disparates.

Certains gouvernements se sont engagés dans cette voie, et de nombreux modèles ont été étudiés dans ce sens.

Nous ne pensons pas que ce soit une solution à laquelle on ait dû s'arrêter. D'abord la traction animale ne remplit pas les conditions de rapidité de déplacement désirables pour ce service.

Nous doutons également que le transport de matériel à dos de mulet mérite d'être envisagé, dans notre cas particulier, où l'action se déroule dans un pays sillonné de routes. Tout au plus, un matériel de ce genre pourrait avoir quelque intérêt dans une expédition coloniale.

Cependant, après avoir eu des idées assez grandioses sur la création des ambulances chirurgicales (1) et

---

(1) En effet, nous avions été invités à étudier un projet d'équipage radiologique composé d'un tracteur automobile et d'une remorque. La première voiture comportait deux compartiments, l'un réservé aux appareils électriques, l'autre au laboratoire photographique.

Quant à la remorque elle était entièrement aménagée en véritable salle de radiologie. En station, un couloir permettait de circuler commodément d'une voiture à l'autre.

sur les installations radiologiques qui les accompa-

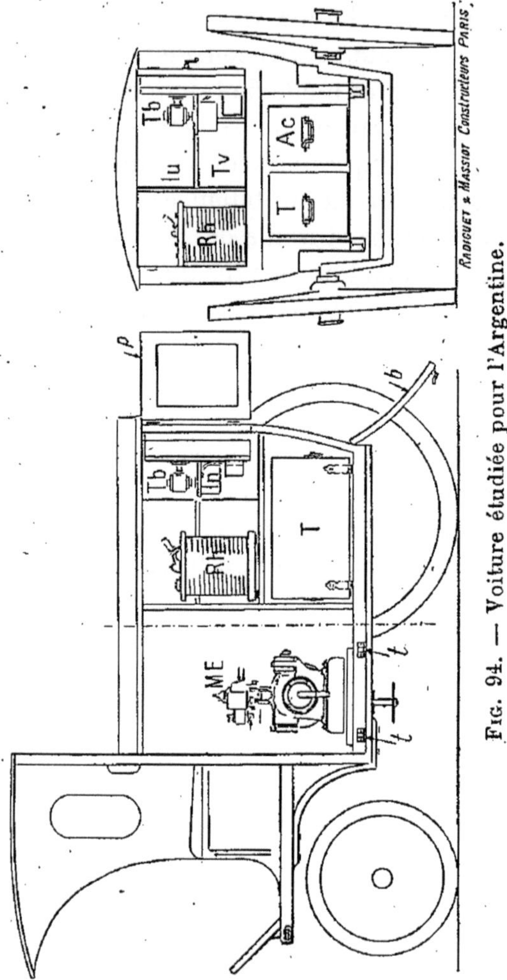

Fig. 94. — Voiture étudiée pour l'Argentine.

gnaient, le gouvernement italien semble être revenu à cette solution de transport à dos de mules. Elle est évidemment très compréhensible lorsqu'on songe aux contrées alpestres qui sont le théâtre principal de ses opérations.

Traction automobile. — C'est à ce mode de locomotion que se sont arrêtés tous les chercheurs qui ont étudié la question, avant qu'elle soit pratiquement résolue par la force des événements eux-mêmes.

D'ailleurs, la guerre actuelle n'est-elle pas le triomphe de l'automobilisme ?

Dès la mobilisation, l'Intendance a su tirer le plus grand profit des autobus pour assurer le ravitaillement de nos armées. Le transport rapide des troupes s'effectue par convois automobiles. Les obus, les matériaux de toute nature arrivent à pied d'œuvre grâce au concours des camions employés en nombre de plus en plus considérable.

Il n'est pas jusqu'aux canons, aux abris blindés même, pour évoquer ici ces « tanks » aux noms fameux de « Crème de menthe », « Délices de l'enfer » qui firent leur apparition sur le front de la Somme et qui n'aient recours à la traction automobile.

Aux chariots cahotants et antiques pour l'évacuation des blessés, on a substitué l'automobile légère, confortable et rapide; c'eût été nier le progrès que de concevoir des installations radiologiques mobiles sur toute autre voiture que l'auto.

Le Service de Santé l'a d'ailleurs parfaitement bien compris, aussi les armées et le territoire sont maintenant largement munis d'équipages radiologiques. Grâce à la générosité de nombreux donateurs, à ces équipages sont venus s'en ajouter d'autres sous la forme de voitures radiologiques pures et simples ou sous la forme plus complexe d'ambulances chirurgicales réunissant le summum des commodités opératoires.

Qu'existait-il avant la guerre. — Avant la guerre, d'assez vagues expériences avaient été tentées par plusieurs chercheurs. Leur initiative avait eu pour seul guide, la conception personnelle qu'ils s'étaient faite de l'utilisation de la radiologie aux armées, de sorte que les modèles ont tous été fort différents.

En 1904, Gaiffe avait construit une voiture, elle affectait sensiblement la forme d'un coffre de livraison. La mode, à cette époque-là, étant à l'emploi de transformateurs alimentés directement par du courant alternatif (voir le principe de cet appareillage, sommairement décrit page 31 sous la désignation : Meuble d'Arsonval-Gaiffe), la voiture était équipée suivant ce principe et le matériel restait à poste fixe dans l'intérieur. Bien que cette voiture ait été expérimentée pendant les manœuvres, je ne crois pas qu'elle aurait pu satisfaire aux exigences que nous connaissons mieux. L'appareillage tel qu'il existait n'est plus employé; s'il supprime l'emploi de l'interrupteur, il se complique d'autres organes, condensateurs de garde, soupapes de triage, etc., dont la complexité n'est guère compatible avec la simplicité qu'il faut avant tout rechercher dans les installations de ce genre. D'ailleurs, cette idée n'a jamais été reprise, et toutes les voitures utilisent actuellement le courant produit par les bobines, organes plus légers et d'un emploi plus facile.

Vers cette même époque, et à l'occasion des expériences faites de cette voiture, le Service de Santé avait

sollicité d'un certain nombre de constructeurs la mise
en essai de phares ou de projecteurs pour faciliter la
recherche et la relève des blessés sur les champs de
bataille.

Les uns avaient présenté des modèles portatifs,
d'autres de véritables projecteurs, et nous avons le
souvenir très précis que la voiture radiologique pré-
citée portait, disposé sur son toit, l'un de ces engins.

Cette question en elle-même ne semble avoir aucun
rapport avec la radiologie de guerre, et ce n'est nullement dans un esprit critique que nous faisons le rap-
prochement. L'idée de faciliter la tâche des brancardiers était en effet très louable et partait de sentiments
essentiellement humanitaires. Mais elle montre jusqu'à quel point on se faisait une conception inexacte
des besoins et des réalités de la guerre actuelle, comme
du lieu où pouvait être appelée à évoluer une voiture
radiologique d'armée.

Outre qu'on a peine à concevoir aujourd'hui la possibilité de se livrer à une manœuvre aussi imprudente
qu'inutile et qui consisterait à démasquer les mouvements de nos malheureux brancardiers dont le bras-
sard de neutralité n'est pas plus respecté par nos enne-
mis implacables que le drapeau de nos ambulances, on
ne comprend pas non plus le rôle de la voiture radiologique immédiatement à proximité de la ligne de feu.

Plusieurs années s'écoulèrent sans que le Service de
Santé semblât s'inquiéter de la radiologie ; entre temps,
l'armée anglaise et l'armée japonaise mettaient en
service quelques postes portatifs. Leur particularité
résidait surtout en ce fait que la dynamo productrice
de courant était mise en mouvement par un pédalier

de bicyclette. L'armée italienne réalisait un matériel mû à bras. Bien que l'on soit revenu de l'utilité des installations puissantes, au moins pour les services de l'avant, l'énergie dont on dispose par ces procédés est cependant trop faible.

Ce n'est que vers 1909 que la question fut reprise, les principaux constructeurs français furent priés de confier chacun un matériel portatif de leur conception pendant la durée des grandes manœuvres. On semblait avoir imposé comme principale condition, la répartition du matériel en colis ne dépassant pas la charge d'un mulet. C'était à notre avis subdiviser l'installation en un nombre par trop considérable de caisses, et pousser la transportabilité un peu loin. Cette expérience eut toutefois le bon côté de faire adopter, comme source d'énergie, le groupe électrogène du même type que celui utilisé déjà par les cinématographistes ambulants « le groupe Ballot ».

Vinrent ensuite, la voiture radiologique du docteur Lesage et presque concurremment la voiture chirurgicale Boulant, toutes deux fort différentes l'une de l'autre, comme conception et comme emploi.

Le docteur Lesage envisageait l'emploi de la voiture, surtout dans les hôpitaux d'évacuation, comme procédé de triage rapide des blessés ; c'est d'ailleurs sous ce jour qu'il a présenté son rapport au Congrès de Washington. Il condamnait radicalement la radiographie, pour préconiser uniquement les méthodes radioscopiques. (Il est juste de reconnaître qu'on en est venu à cette idée pour atteindre d'ailleurs un but différent et une utilisation plus complète que celle qu'entrevoyait le docteur Lesage.) Sa voiture affectait la forme d'une sorte d'auto-mitrailleuse, il semblait avoir sacrifié la commodité à la vitesse, car, dans l'esprit de l'auteur, cette voiture devait être appelée à faire de rapides et longues randonnées.

M. Boulant considérant la radiologie comme l'auxiliaire indispensable de la chirurgie de guerre, s'était surtout attaché à construire une table d'opération roulante à laquelle il avait naturellement adjoint un matériel de radiologie sommaire.

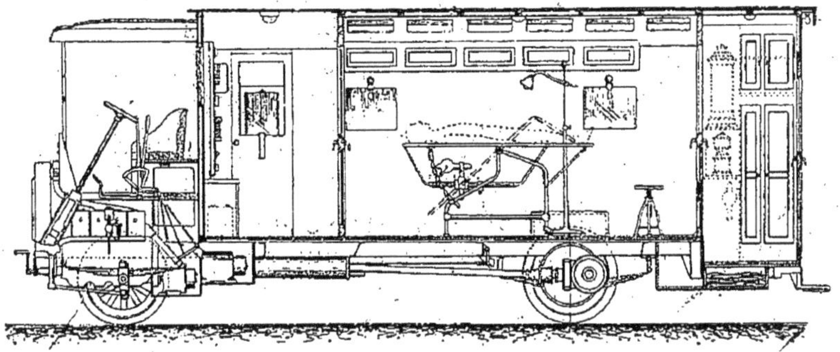

Fig. 95. — Voiture Boulant. Vue schématique de l'intérieur.

Cet exposé rétrospectif de la question montre que l'on avait en somme une idée fort imprécise des conditions dans lesquelles un organisme, tel que la voiture radiologique, était susceptible d'être employé en temps de guerre.

Le but se précise. — En 1912, on songea de nouveau à la question. Sur la demande de M. le médecin principal Busquet et d'après les desiderata exprimés clairement par M. le médecin inspecteur Mignon, l'occasion fut donnée d'étudier divers projets qui durent être soumis à la direction du Service de Santé. On avait envisagé un certain nombre de solutions que nous ne rappellerons pas ici, mais qu'on pourra en partie retrouver dans un article qui parut quelques mois avant la guerre dans le journal de M. le professeur Bergonié (1). Une solution avait paru particulièrement intéressante pour les deniers de l'État parce qu'elle eût procuré dès le jour de la mobilisation un nombre respectable de voitures radiologiques sans grande dépense. Il avait semblé que les automobiles de garnison servant en temps de paix au transport des blessés dans les hôpitaux militaires auraient pu être munies d'une dynamo calée sur un arbre sortant de la boîte de vitesse, judicieusement combinée et actionnée par le moteur même de la voiture. La carrosserie était également facile à transformer en un fourgon radiologique confortable; il suffisait de prévoir le démontage des banquettes et d'aveugler commodément les fenêtres. On aurait enfin possédé en réserve des matériels radiologiques tout préparés dès le temps de paix.

La première mise de fonds des châssis et de la source électrique étant faite, on eût réduit au minimum la dépense d'une organisation radiologique qui ne le cédait en rien aux voitures les mieux aménagées.

La voiture Massiot. — Nous ignorons les raisons pour lesquelles on ne s'est pas arrêté à cette solution. Quoi qu'il en soit, pénétré de l'utilité que pouvait présenter la voiture radiologique aux armées, Massiot construisit de ses propres deniers un modèle dont le

(1) *Archives d'électricité médicale*, n° 388, fév. 1915.

principe peut se résumer ainsi : voiture aussi peu encombrante que possible pour circuler commodément partout avec le minimum de dépense d'entretien ; dynamo actionnée par le moteur même de la voiture (il apparaissait comme parfaitement inutile de compliquer le matériel d'un groupe électrogène qui fait double emploi avec le moteur de la voiture) ; organes principaux de l'installation aussi compacts, aussi robustes, mais aussi transportables que possible pour en faciliter l'installation au lit du blessé ; matériel fournissant une intensité suffisante pour pratiquer tous les examens radioscopiques et impressionner les plaques avec des poses normales ; laboratoire photographique sommaire permettant de pouvoir recharger un châssis, envelopper des plaques, développer au besoin des clichés sans être astreint à improviser une chambre obscure dans chaque formation desservie.

Nous ne nous étendrons pas outre mesure sur la description des différentes parties de l'appareillage, les figures parlent suffisamment et d'ailleurs le principe des installations actuelles est resté sensiblement le même. Des perfectionnements de détail ont eu lieu évidemment à l'usage, mais on retrouvera dans les divers chapitres qui s'y rapportent les descriptions du tableau de commande, du transformateur, du lit d'opération. La forme primitive qui avait été donnée aux différentes parties de l'équipement se retrouve et c'est une preuve suffisante que rien n'avait été laissé au hasard de l'improvisation.

A part quelques inutilités, comme l'éclairage du laboratoire par accumulateurs, la tente abri par

Fig. 96. — Vue d'ensemble de la voiture Masshot. On aperçoit sur le côté le lit pliant d'opération protégé par son sac.

exemple qui n'a présenté aucun intérêt et quelques

FIG. 97. — Intérieur de la voiture montrant le tableau de distribution et la dynamo.

variantes tendant à transporter l'interrupteur dans la salle d'opération au lieu de le laisser à poste fixe dans

la voiture, nous éprouvons une certaine satisfaction à
constater que cette voiture a servi de type à la création
de nombreux autres équipages.

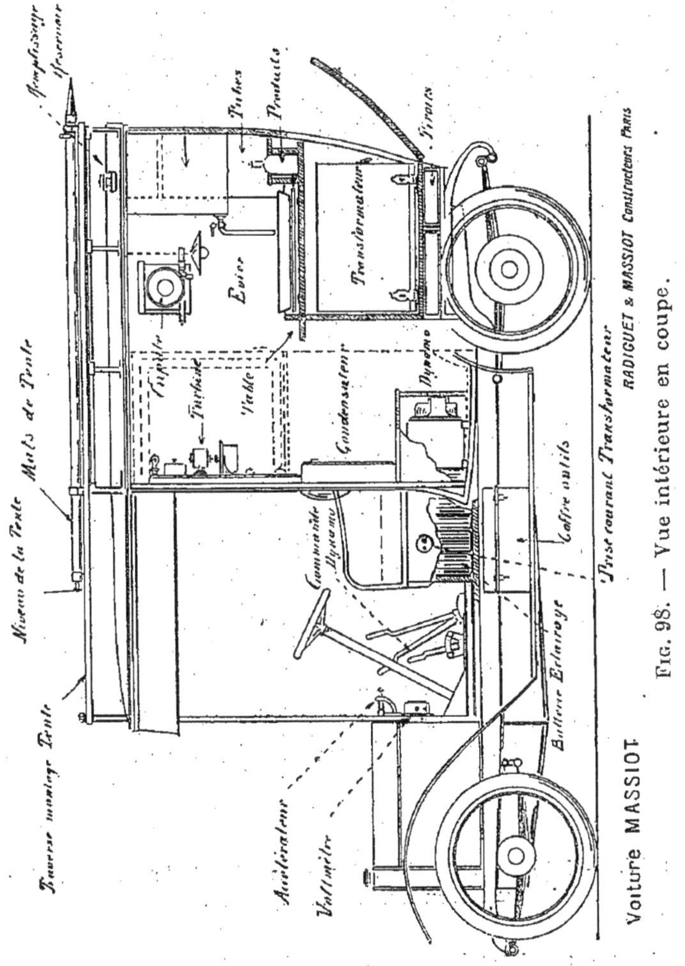

Fig. 98. — Vue intérieure en coupe.

Monsieur le docteur Béclère lui-même l'a très jus-

Fig. 99. — Le matériel monté, prêt à être utilisé.

FIG. 100. — La voiture en station dans une ambulance du Nord.

Fig. 101. — Une autre ambulance desservie par la voiture.

tement et très aimablement reconnu à l'occasion de la présentation qu'il fit d'une voiture offerte par le Comité de la Croix-Rouge de Londres.

La voiture Massiot fit sa première sortie à la revue du 14 juillet en 1913; elle fut ensuite présentée dans divers congrès et notamment par M. le docteur Guillemot à la Société de radiologie. La présentation souleva la question de la radiologie en temps de guerre dont les spécialistes s'étaient d'ailleurs peu inquiétés.

Deux courants d'opinion prirent aussitôt naissance.

Les uns, partisans des fortes intensités déclaraient qu'il n'était possible de faire de bonnes radiographies qu'avec des appareils à « contact tournant ».

Les autres, plus nombreux, estimaient qu'une intensité de quelques milliampères était amplement suffisante pour la majorité des cas qu'on rencontrerait en radiologie de guerre et que par conséquent la classique bobine semblait devoir atteindre le but.

La suite des événements actuels est venue apporter sa sentence irréfutable; pas une installation mobile n'a été réalisée autrement que par bobine; la logique même le faisait prévoir.

Il n'en est pas moins vrai que la voiture Massiot fut, avant la guerre, déclarée insuffisante. Elle devait être expérimentée pendant les manœuvres, la mobilisation vint la cueillir et c'est gaillardement qu'elle et son matériel firent campagne pendant deux ans sans réparation.

Quel matériel existait à la mobilisation ? — Nous en avons terminé avec l'étude des diverses voitures

qui avaient été créées avant la guerre ; avant la mobilisation le Service de Santé possédait en tout et pour
tout quelques postes portatifs dispersés dans des réser-
ves sanitaires ; il fallut donc parer au plus vite à cette
pénurie complète de matériel, chacun s'y employa de

Fig. 102. — Un camion réquisitionné servant au transport d'un
matériel à rayons X.

son mieux et c'est la cause initiale de cette diversité
de modèles qu'on rencontra quelques mois après la
mobilisation.

A la mobilisation, on réquisitionna donc la voiture
Massiot, celle du docteur Lesage, auxquelles vinrent
se joindre encore quelques voitures de touristes équi-

pées en hâte ainsi que des camions, sortes de voitures de livraisons dans lesquelles on disposa de simples matériels portatifs analogues à ceux que l'armée possédait déjà en petit nombre (fig. 102 et 103).

Quelque temps après, des modèles offerts par de

Fig. 103. — Voiture de touriste équipée en voiture radiologique.

généreux donateurs, en particulier par le Comité de la Croix-Rouge de Londres, par la Société de Patronage aux blessés, venaient grossir le nombre de ces équipages assez disparates et prouver que la radiologie pouvait et devait rendre des services inappréciables si son organisation répondait à son utilité incontestable. Mais ces installations étaient encore loin de satisfaire aux exigences sans cesse croissantes des formations sanitaires.

Qu'existe-t-il actuellement ? — Le Service de Santé fit l'effort nécessaire. Nous ne devons pas être éloignés de la vérité en pensant qu'il existe actuellement près de 300 équipages radiologiques.

Comment sont constitués ces équipages, c'est l'étude à laquelle nous arrivons maintenant.

Nous ne nous contenterons pas d'une description pure et simple des modèles assez différents d'ailleurs et dont la diversité résulte des étapes successives que l'automobile radiologique a franchies ; nous chercherons à tirer des conclusions de la mise en service de ces types multiples et définirons s'il est possible le modèle qui semblerait le mieux adapté aux divers services.

Services de l'arrière. — Tout d'abord, il y a lieu d'établir une démarcation absolue entre les exigences des services de l'avant et ceux de l'arrière.

Pour les services de l'arrière la question se présente sous une forme assez simple. De deux choses l'une, ou l'hôpital est assez important et justifie l'installation d'un matériel fixe, ou, son importance est relative et la voiture radiologique doit être là, pour suppléer à l'installation fixe absente. Nous ajoutons qu'étant donné d'une part le prix assez modique pour lequel il est possible d'avoir une installation radiologique dans une localité qui dispose de courant, et tenant compte d'autre part des frais d'en-

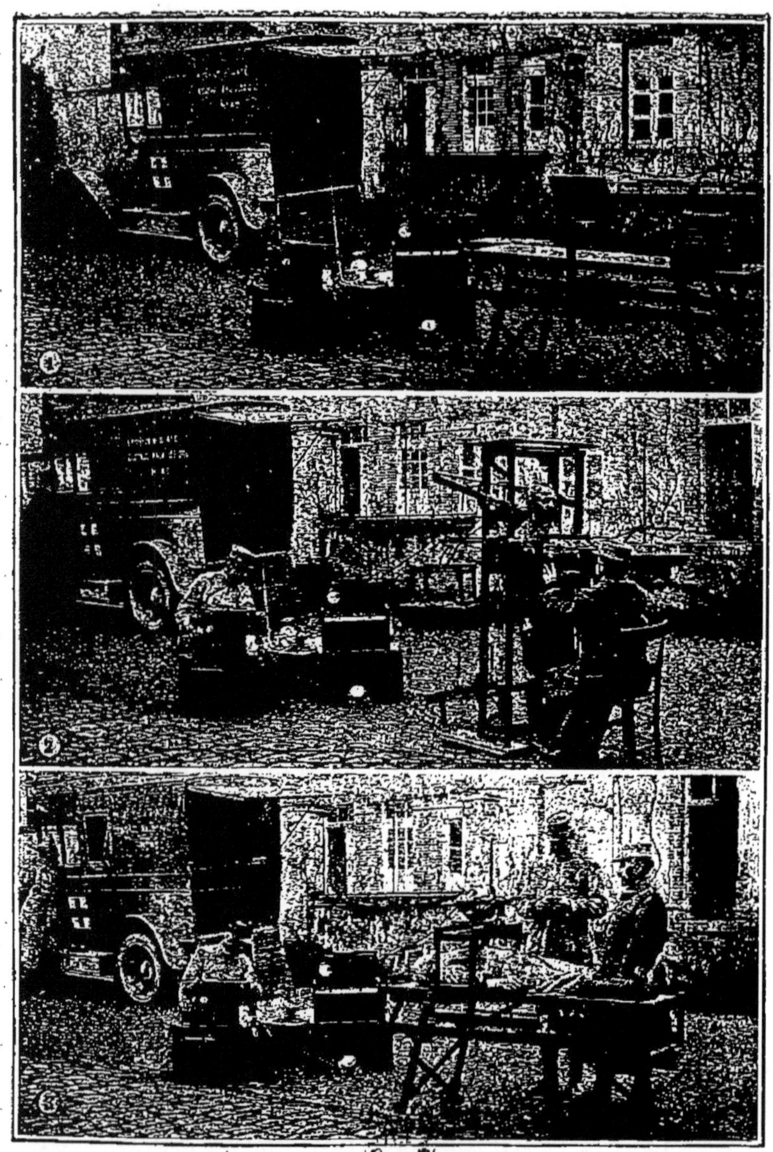

FIG. 104. — Équipage radiologique (dynamo actionnée par moteur de la voiture).

tretien de la voiture, de sa consommation de pneus, essence, huile, etc., on aura souvent économie à doter l'hôpital, même de moyenne importance, d'une installation fixe sommaire.

Ceci dit, il est à remarquer que ces hôpitaux sont disséminés dans des villes souvent fort éloignées les unes des autres.

Les déplacements sont longs et fréquents; nous pourrions citer comme exemple, telle voiture de la ··· Région qui ne fait pas moins de 100 à 150 kilomètres par jour. Un camion ne pourrait assurément pas satisfaire à ces conditions; une voiture montée sur châssis léger convient au contraire beaucoup mieux.

La voiture à laquelle nous faisons allusion est précisément une Peugeot 14 HP équipée (fig. 103) en hâte, en pleine fièvre de la mobilisation (elle fonctionne encore aujourd'hui.) Elle emprunte à une dynamo actionnée par le moteur même de la voiture, le courant nécessaire et largement suffisant pour alimenter un transformateur dans d'excellentes conditions de rendement. En station, la consommation d'essence est minime; le moteur tournant au ralenti, ne dépense pas plus de 2 litres à l'heure, et si nous citons ce chiffre, c'est pour répondre aux objections qui ont fait en maintes circonstances préférer le groupe électrogène isolé à ce procédé tout indiqué d'utilisation du moteur automobile. La voiture de touriste pure et simple dans laquelle on a empilé le mieux possible le matériel réduit au strict nécessaire n'est certes pas l'idéal, nous lui préférons de beaucoup la voiture spécialement aménagée du genre de celle qui est ici representée (fig. 104) et qui rappelle dans son ensemble la première voiture Massiot. Elle comporte de sérieuses améliorations au point de vue du confortable et surtout pour ce qui a trait à la commande de la dynamo.

Un laboratoire photographique sommaire, mais très suffisant pour recharger des châssis, ou développer les rares plaques qu'on fait actuellement, forme la partie principale de la voiture. Un coffre arrière permet de rassembler commodément le matériel. Un avant torpédo, un pare-brise et des côtés protégeant bien le personnel des intempéries, permettent d'effectuer de longues randonnées et d'être ainsi reposé et dispos, en arrivant à l'étape pour se livrer tout entier aux exigences de son service.

Ce détail, en apparence superflu, n'échappera pas aux radiologistes qui ont eu l'occasion de voyager sur des camions plus ou moins durement suspendus et à qui il sera donné de pouvoir faire la comparaison.

Quelle source électrique adopter ? — La description de ces voitures nous fournit naturellement l'occasion d'étudier la source d'énergie idéale, nous n'avons évidemment le choix qu'entre deux moyens: dynamo actionnée par le moteur de la voiture, ou groupe électrogène indépendant.

La première idée qui vienne à l'esprit est évidemment d'employer comme source d'énergie mécanique, le moteur de l'auto.

C'est l'organe sûr et vital par excellence, à l'abri des pannes ; nous en donnons pour preuve les milliers de voitures qui sillonnent les routes, d'ailleurs,

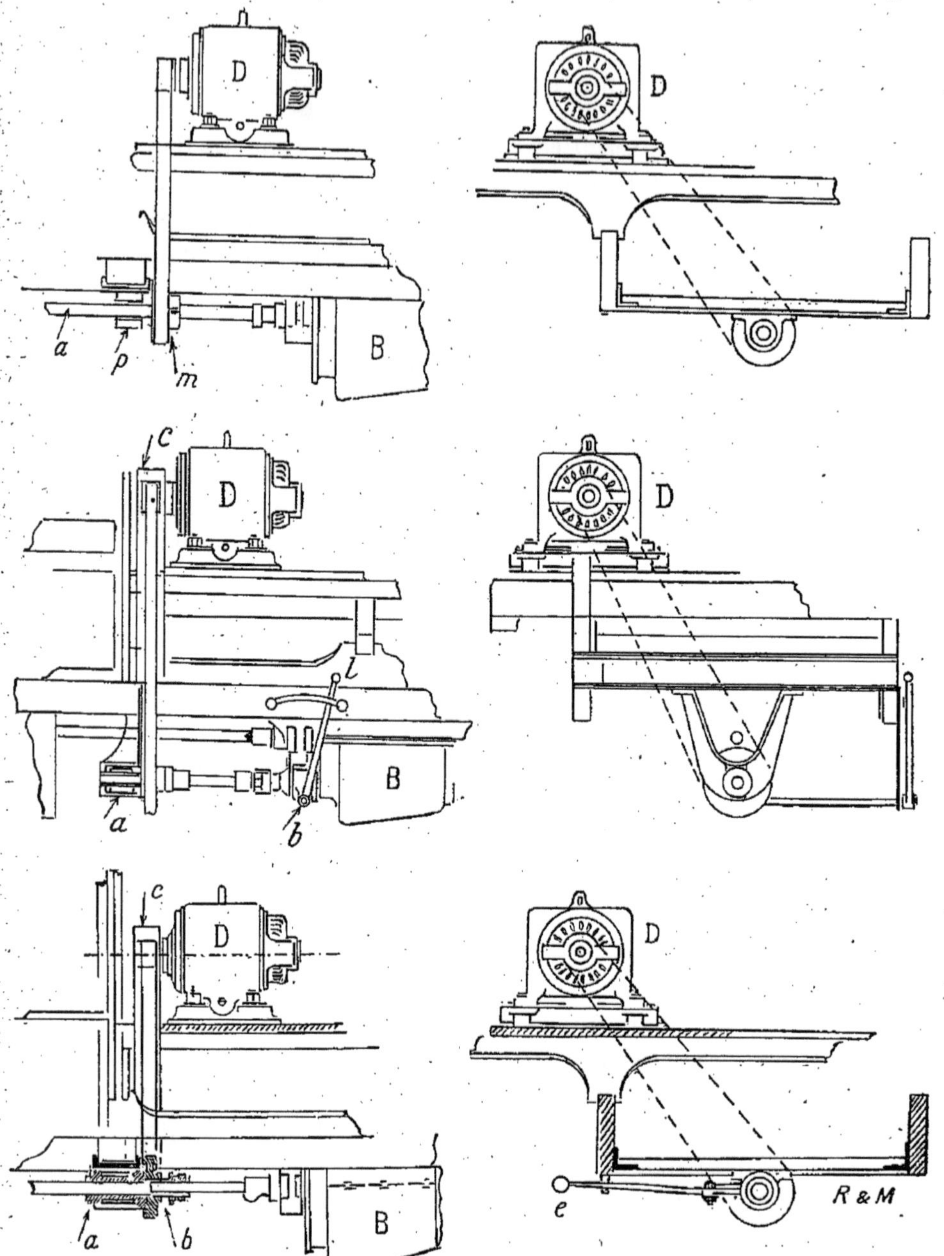

Fig. 105. — Divers modes d'attaque de la dynamo.

si l'on envisageait des arrêts ou des incidents fréquents
mieux vaudrait n'avoir jamais songé à l'automobile
comme moyen de locomotion. Il était donc tout indiqué d'utiliser au repos, pour actionner la dynamo, le
moteur même de la voiture, plutôt que de compliquer
le matériel et de charger inutilement le châssis d'un
moteur indépendant, d'un fonctionnement moins sûr
et moins robuste alors qu'on avait sous la main la
puissance et la régularité toutes trouvées.

Nous avions étudié diverses dispositions possibles,
soit qu'il s'agisse de châssis quelconques dont on vou-
lait pouvoir tirer parti, soit mieux encore qu'on
veuille faire une adaptation rationnelle; les quelques
schémas résument suffisamment la question pour
qu'il soit inutile de s'y étendre. La meilleure solution
est évidemment de faire sortir de la boîte de vitesse
un arbre supplémentaire multiplié et d'entraîner par
pignons et chaîne sans fin, protégée dans un carter, la
dynamo fixée en un point facilement accessible du
châssis.

Ce n'est d'ailleurs pas une idée nouvelle et de
nombreux systèmes sont employés dans les applications multiples que l'armée fait des voitures électrogènes. Certains châssis de Dion, par exemple, comportent une dynamo dont les masses polaires sont
symétriquement placées, par rapport à l'arbre de
cardan et l'enduit calé sur l'arbre même. En court-cir-
cuitant les inducteurs ou en établissant les connexions
convenablement, on obtient du courant à volonté.
Renault réalise des auto-projecteurs, suivant un principe analogue. Lorraine-Dietrich attaque la dynamo
par un pignon intermédiaire pour alimenter des

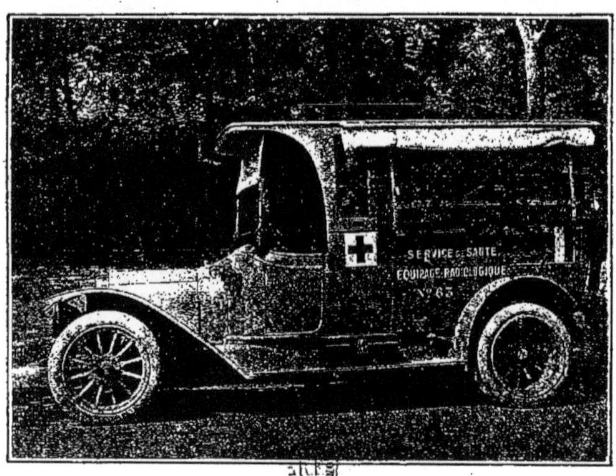

Fig. 196.

projecteurs Sautter Harlé, alors que Berliet emploie pour les gros projecteurs Bréguet une disposition analogue mais par chaîne. Or, il faut songer que ces divers modèles de projecteurs emploient des intensités variant de 50 à 100 ampères. Ces organes mécaniques et le moteur ont cependant à soutenir un effort infiniment plus considérable que celui exigé par la dynamo, qui doit actionner la bobine d'une installation radiologique.

Pour nos véhicules, il semblait donc tout naturel d'adopter les mêmes principes que ceux dont s'inspirèrent les services de l'artillerie et du génie pour leurs besoins spéciaux.

Nous aurions pu multiplier encore les exemples en rappelant les voitures-treuils des services aéronautiques.

Mais tel n'a pas été l'avis du Service de Santé. Se basant sur les nombreux mécomptes qu'avaient occasionnés des installations conçues dans cet esprit, le Service de Santé en a condamné le principe pour préconiser l'emploi du groupe électrogène indépendant.

Or, la cause de ces mécomptes n'était pas due au principe, mais à la façon défectueuse dont ces installations avaient été faites. Le plus souvent en effet, on s'était contenté de placer en un point quelconque de l'arbre moteur une simple poulie en bois, travaillant en porte à faux et reliée par une courroie tendue à outrance sur la poulie de la dynamo, dont on n'avait pas non plus étudié le meilleur emplacement.

Ce n'est évidemment pas avec de semblables moyens qu'on pouvait arriver à un fonctionnement régulier.

Mais étant donné la quantité de voitures qui furent montées, il eût été facile de faire exécuter par un constructeur de châssis un entraînement rationnel avec embrayage pratique, à portée du chauffeur, et qui permette d'imprimer à la dynamo une vitesse suffisante en faisant tourner le moteur au ralenti.

On aurait ainsi obtenu un fonctionnement parfaitement régulier, une consommation d'essence et d'huile très minime et on aurait réalisé un organisme réellement pratique pouvant instantanément se mettre en station. Mais on a allégué une utilisation mauvaise de la puissance du moteur et une usure des roulements de son vilebrequin. Ces critiques tombent devant une conception mécanique rationnelle du problème; on peut d'ailleurs songer que le travail demandé à un moteur de 15 à 20 HP pour actionner une dynamo de 110 volts 10 ampères, est insignifiant comparativement aux efforts auxquels sont soumises les mêmes pièces mécaniques en tant que moteur de la voiture.

On a reproché aussi la grande consommation d'essence; la question eût été résolue en faisant marcher le moteur à vitesse réduite. D'ailleurs, réalise-t-on véritablement une économie en employant un groupe électrogène? Evidemment non, si on considère, d'abord la dépense supplémentaire qu'entraîne l'acquisition du groupe, son entretien, la nécessité d'avoir un châssis plus puissant pour traîner le poids du groupe, la dépense plus grande d'essence et d'huile résultant de l'emploi du châssis de camion, etc.

On a allégué enfin une usure rapide du moteur de la voiture, son échauffement anormal lorsqu'il marche longtemps sur place; or, nous ne pouvons

Fig. 107. — Voiture radiologique aménagée avec groupe électrogène.

trouver une meilleure comparaison de la voiture radiologique que sa proche parente, la voiture radiotélégraphique.

Ces voitures ont en somme un service comparable, l'une comme l'autre sont des générateurs de haute tension ; or, les voitures radiotélégraphiques sont souvent condamnées à l'immobilité, puisqu'elles sont rattachées à un état-major, ce qui ne les empêche pas d'actionner directement et sans le secours d'un groupe l'alternateur qui est l'âme de leur appareillage. Mais ces voitures ont été étudiées, elles sont montées pour la plupart sur des châssis Delahaye 12 HP démultipliés et possédant un système d'embrayage et de commande pour leur générateur d'électricité.

Nous pensons nous être suffisamment étendus sur cette question du groupe électrogène.

Il est cependant des cas où son application peut présenter quelque intérêt. Celui par exemple où l'équipage radiologique s'immobilise pendant un temps assez long, et où le camion qui porte le groupe devient son abri. Celui enfin, où le châssis qu'on veut utiliser, se prête difficilement à la disposition des organes de commande de la dynamo.

La figure ci-contre montre un exemple d'aménagement de ce genre ; le groupe électrogène a été placé à l'arrière pour des questions de répartition de poids faciles à saisir.

Pour rendre l'accès du groupe plus facile, permettre des nettoyages ou même des réparations, un système de glissière est fixé sur la paroi interne du hayon se rabattant ; il suffit alors de placer ce hayon horizontalement au moyen d'arcs-boutants et de tirer en avant le groupe électrogène. On voit donc que, au lieu de disposer le groupe électrogène en avant de la voiture et contre le siège comme dans certains modèles, il y a au contraire intérêt à le placer en arrière.

Nous en avons terminé avec les voitures assurant le service de la zone territoriale ; comme conclusion, nous estimons que la voiture utilisant le moteur même comme source d'énergie, rapide et confortable, avec laboratoire sommaire, répond exactement aux besoins.

Services de l'avant. — Passons maintenant aux services radiologiques de l'avant : les conditions ne sont évidemment plus les mêmes qu'au début de la campagne. Nous sommes loin du temps où une voiture était seule pour assurer le service d'une armée. Nombre d'ambulances immobilisées, d'hôpitaux d'évacuation, possèdent maintenant un matériel portatif et d'autres équipages sont venus grossir le nombre des installations radiologiques. En principe, 3 catégories de voitures desservent les formations de l'avant :

Les voitures d'armée, qui sont à la disposition de la direction du Service de Santé d'une armée, et qui font le service des ambulances démunies de toute installation ;

Les voitures ou groupes complémentaires de chirurgie, qui accolées à une ambulance, viennent apporter à celle-ci tout le matériel qui lui manquait pour en faire un centre important de blessés ;

Les ambulances chirurgicales qui constituent à elles seules de véritables hôpitaux ambulants.

Voitures d'armées. — Ce sont généralement des ca-

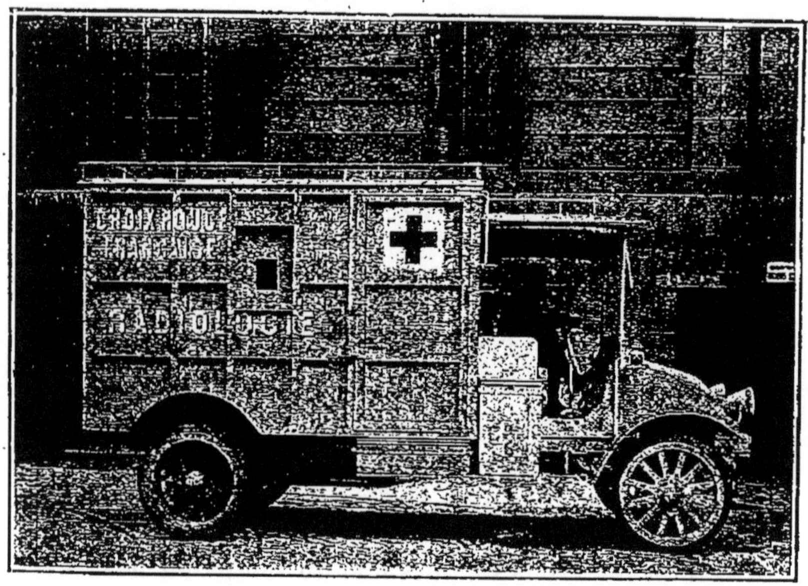

Fig. 108. — Voiture radiologique d'armée.

mions assez lourds comportant une carrosserie sommaire constituée par une caisse volumineuse. A l'avant et près du siège, un emplacement est réservé au groupe électrogène qu'on protège des intempéries par des sortes d'auvents. A l'arrière un large espace formé laboratoire photographique avec un agencement de comptoirs et de tiroirs pour ranger les accessoires. L'arsenal radiographique composé de la traditionnelle bobine, du rhéostat, de l'interrupteur, du lit et de son porte-ampoule se case également dans le laboratoire même.

Dans d'autres voitures luxueusement aménagées comme celles du Comité de la Croix-Rouge de Londres (voir fig. 108), le laboratoire photographique occupe la partie centrale, et les appareils sont placés dans des caisses, sur des rayons disposés dans une sorte d'entrée formant couloir, par lequel on accède au laboratoire.

Une tente abri garnie d'étoffe noire est généralement adjointe à la voiture; elle permet d'improviser sur le terrain une chambre parfaitement obscure pour pratiquer l'examen radioscopique : l'utilité de cette tente reste discutable.

A l'un ou l'autre de ces modèles, nous ferons le reproche d'être trop lourds et surtout trop encombrants et nous nous baserons, pour leur faire cette critique, sur les conditions mêmes dans lesquelles ces voitures fonctionnent généralement à l'avant. En effet, il faut convenir, en ce qui concerne cette catégorie de voitures, que les services radiologiques de l'avant sont incontestablement moins chargés que ceux de l'arrière. Il y a bien surcroît de besogne après une attaque, mais est-ce bien à ce moment-là que se présente le véritable travail du radiologiste? Ce n'est pas au moment où l'ambulance déborde de blessés qu'on songe à la radiographie. On fait de l'*emballage*, de l'évacuation à outrance et le chirurgien n'a pas trop de toute son activité pour parer au plus pressé, sans

Fig. 109. — Le matériel radiologique automobile Massiot sur châssis Peugeot 10 HP.

se soucier outre mesure de l'aide que peut lui procurer la radiologie.

Pour notre part, nous avons bien souvent constaté que c'était plutôt dans les moments d'accalmie, et lorsque les ambulances pouvaient travailler avec une tranquillité relative que commençait effectivement notre besogne.

Fig. 110. — Le matériel déplié prêt à servir.

En résumé les services de l'avant fonctionnent par intermittence et bénéficient quelquefois de longues périodes d'inaction pendant lesquelles il leur est possible de réviser leur matériel. Les services de l'arrière au contraire, ont un travail généralement constant, réglé par l'importance des formations qu'ils desservent. Ils n'ont pas de coups de feu pourrait-on dire, ou mieux de coups de presse, pour employer un terme plus approprié à la zone de l'arrière.

Une même voiture étant attachée maintenant soit à une division, soit à un corps d'armée (nous ne parlons plus du temps où une voiture existait à peine par armée), les formations sanitaires desservies sont fatalement assez rapprochées, et nous croyons pouvoir affirmer que certaines d'entre elles n'atteignent pas dans leurs déplacements journaliers la moyenne de 30 kilomètres. Il leur est donc parfaitement possible de rejoindre chaque jour leur port d'attache et par conséquent rien n'oblige à les monter sur les châssis prévus pour transporter une charge excessive que pouvait seule expliquer la nécessité de voyager avec tout leur matériel et leurs produits de réserve.

D'ailleurs on est de plus en plus porté vers l'emploi de la radioscopie, par conséquent, plus de plaques, plus de produits à transporter que le strict nécessaire pour des cas tout à fait particuliers.

Partant de ce principe, n'y avait-il pas lieu de songer qu'on aurait pu substituer à ces voitures massives, qui se déplacent avec une extrême lenteur, et fatiguent énormément sur les routes défoncées de l'avant, des voitures légères, rapides, peu encombrantes, ne gênant pas la marche des convois, pouvant au besoin les dou-

bler sans heurts, se faufiler partout à vive allure, pour
que la radiographie aille porter ses services jusqu'aux
ambulances de moindre importance qui ne se trouvent
pas toujours sur les grand'routes ?

C'est ce que nous avons cherché à réaliser en constituant une voiture aussi peu encombrante que possible mais contenant cependant tout le matériel nécessaire.

Par sa forme extérieure, cette voiture rappelle les petits fourgons postaux que tous nos soldats connaissent et aiment à rencontrer par les routes du front.
Ils retrouvent en eux les messagers rapides de la cor-
respondance, trait d'union de ceux qu'ils ont quittés
et qui leur sont si chers. Elle est d'ailleurs montée
sur un type de châssis qui a fait ses preuves dans le
service du courrier postal, et nous pouvons affirmer
que comme voiture de radiologie elle ne peut certes
avoir un service plus dur que celui de la Poste
aux armées ; il n'est pas rare en effet qu'elle soit
chargée de sacs de correspondances dont le poids dé-
passe souvent 400 kilogrammes sans compter le chauffeur, accompagné même quelquefois de deux postiers.

L'équipement de cette voiture est ainsi constitué :
comme source d'énergie, une dynamo 110 volts
10 ampères, actionnée directement par le moteur de la
voiture. Cette dynamo est d'un poids et d'un encombrement si réduits qu'on a pu la loger sous le capot
sans qu'elle gêne en rien.

Comme matériel, un transformateur portatif avec
son tableau distributeur de haute tension, un poste de
commande formant bloc du condensateur de la bobine, de l'interrupteur et de son rhéostat de réglage;

un lit pliant léger avec son dispositif de localisation ; une caisse à tube convenablement capitonnée et formant négatoscope. Le tout est commodément disposé dans l'intérieur de la voiture qui comporte des tablettes pour former, le cas échéant, laboratoire sommaire, mais amplement suffisant, pour développer des plaques, recharger un châssis, etc. En effet, bien que la radioscopie soit à l'ordre du jour, il n'est pas sans intérêt de prévoir le cas où une radiographie puisse être nécessaire.

Deux voitures de ce type fonctionnent depuis plus d'une année : l'une dans l'armée anglaise ; l'autre, offerte au Service de santé français, assure un service d'armée. Ni l'une, ni l'autre n'ont donné lieu à aucune réparation. Ne sont-ce pas là des exemples qui prouvent que leur conception n'était pas une utopie, et plaidait en faveur des voitures légères ? Nous restons persuadés que leur généralisation eût permis de réaliser des économies très sensibles sur la création des camions infiniment plus onéreux comme valeur intrinsèque et comme entretien.

Les groupes complémentaires. — Ce ne sont pas, à proprement parler, des voitures radiologiques, car elles ne le sont devenues qu'accidentellement.

Avec juste raison, on a voulu bénéficier des formations existantes et de leur organisation ; il leur manquait les moyens d'éclairage, de chauffage, de stérilisation indispensables pour intensifier les services chirurgicaux dans la zone la plus proche des postes de secours : on a créé les groupes complémentaires.

Puis comme toutes ces voitures possédaient une

source d'énergie électrique, on a songé qu'un matériel radioscopique sommaire pouvait y être facilement adjoint.

Ce matériel électrique producteur de haute tension comporte généralement :

1° Un tableau de distribution, muni d'un condensateur de garde et de lampes de sécurité pour éviter que les effets de surtension résultant du fonctionnement du transformateur, amènent une détérioration de l'induit de la dynamo génératrice de courant ;

2° Un poste de commande fixé contre la paroi de la carrosserie, ou pouvant être déplacé et installé dans la salle d'opération, réunit le condensateur du transformateur, la turbine à mercure, son interrupteur ou son rhéostat de réglage et les bornes de distribution et d'arrivée de courant ;

3° Un rhéostat portatif pour régler l'intensité du courant à admettre dans l'inducteur du transformateur ;

4° Un transformateur portatif, un des types adoptés par le Service de Santé ;

5° Un câble à 4 conducteurs, enroulé sur un dévidoir, permet d'amener le courant interrompu nécessaire pour actionner le transformateur, lorsque le poste de commande reste à la voiture, et le courant continu qui alimente une lampe d'éclairage dans la salle de radiographie ;

6° Enfin, un lit d'opération transportable permettant de faire les examens radioscopiques du blessé couché ou debout et la localisation des projectiles.

L'énergie électrique nécessaire à l'éclairage de l'ambulance pour les salles d'opération, de pansement et pour le dortoir des blessés, est produite par un groupe

FIG. 111. — Aménagement des organes électriques à l'avant
d'un groupe complémentaire de chirurgie.

électrogène d'environ 2 à 3 kilowatts. Il fournit donc toute l'intensité désirable pour faire fonctionner l'installation radioscopique, et nous nous garderions de désapprouver l'emploi du groupe électrogène dans ce cas particulier.

Les conditions de marche ne sont d'ailleurs pas les mêmes que pour une voiture purement radiologique. D'abord, ces formations complémentaires sont vouées à une certaine immobilité ; les applications diverses qu'on fait du courant électrique sont parfaitement compatibles avec celles d'un service fixe et aucune des raisons qui peuvent plaider en faveur de la voiture électrogène ne se retrouve ici.

On remarquera que le matériel dont il a été fait mention ne permet uniquement que la radioscopie ; il eût été désirable cependant que le radiologiste pût, le cas échéant, faire quelques radiographies. On a systématiquement écarté tout accessoire pouvant permettre de prendre des clichés. il y avait cependant bien peu de choses à ajouter au matériel : quelques plaques, une ou deux cuvettes 24 × 30, quelques comprimés ou quelques produits, de l'hyposulfite qu'on trouve partout dans les stations-magasins, un support de tube simple, pouvant s'adapter à la table, n'eussent pas considérablement alourdi l'arsenal des appareils qui composent la voiture [1].

Outre que des lésions particulières et certaines localisations de projectiles, réclament le secours de la

---

1. Les nouveaux groupes qu'on équipe maintenant ont un matériel plus perfectionné ; ils comportent une table du genre de celle décrite page 135. La lacune que nous signalions se trouve donc heureusement comblée.

radiographie, on eût par ce moyen, épargné aux mains du médecin et de ses aides les radiodermites nombreuses qui les guettent et qui constituent pour eux le véritable ennemi.

A l'exemple de l'escargot, le groupe complémentaire comprend encore sa propre maison qu'il traîne, quelquefois péniblement, dans une remorque attelée à l'arrière. La description de la baraque démontable qui forme salle de pansement et d'opération chauffée par des radiateurs, sort complètement du cadre que nous nous sommes imposés, nous ne faisons donc que de la signaler au passage.

Ambulances chirurgicales. — L'ambulance chirurgicale est une formation compliquée dont la description à elle seule pourrait faire l'objet de tout un chapitre.

Telle qu'elle avait été conçue avant la guerre par M. Boulant, elle se résumait à une voiture spacieuse de la dimension d'un autobus, formant salle d'opération avec toutes les commodités possibles réunies dans un espace relativement restreint pour l'usage auquel elle était destinée. De chaque côté de la voiture, des tentes se dépliant formaient des annexes de cette salle.

On semble avoir évolué dans un autre sens en utilisant le camion uniquement pour le transport des appareils de chauffage et de stérilisation et en installant la salle d'opération à terre sous des tentes ou dans des baraquements démontables attenant à ce camion.

Le docteur Marcille fit expérimenter en janvier 1915,

FIG. 112. — Voiture chirurgicale Boulant, avec les tentes annexes montées
sur le terrain.

Fig. 113. — Salle d'opération démontable de l'ambulance Marcille.

dans une armée du Nord, une ambulance de ce genre qui ne comprenait pas moins de 3 ou 4 gros camions Saurer pour le transport du matériel, des tentes et des appareils de chauffage et de stérilisation.

L'ambulance chirurgicale est conçue maintenant d'une façon un peu plus simple:

Nous plaçant uniquement au point de vue de l'installation radiologique, annexée à ces formations, nous rappellerons seulement qu'un camion spécial est affecté à ce service. Sa caisse de carrosserie constitue une sorte de chambre obscure où se trouvent placés tous les appareils analogues à ceux d'une installation fixe.

Pour éviter les trépidations dues à la marche du groupe électrogène chargé de fournir le courant nécessaire, ce groupe est placé dans un autre camion. Ne pensant pas qu'on arriverait à donner aux formations sanitaires une importance comparable à celle que les ambulances chirurgicales ont prise maintenant, nous avions étudié, avant la guerre, une disposition qui permette d'isoler le lit d'opération des trépidations communiquées à la voiture, soit par la rotation des moteurs, soit par les déplacements des infirmiers et des médecins. Il consistait à prolonger les pieds du lit, jusqu'au sol en les faisant passer par des ouvertures pratiquées dans le plancher (fig. 114), cette précaution n'a plus qu'un intérêt rétrospectif puisque la difficulté se trouve tournée par la répartition du matériel sur plusieurs camions.

Quoi qu'il en soit, nous savons par plusieurs radiologistes qu'on a trouvé ces salles de radioscopie roulantes souvent trop exiguës et nous nous demandons s'il n'est pas plus pratique de laisser les camions uni-

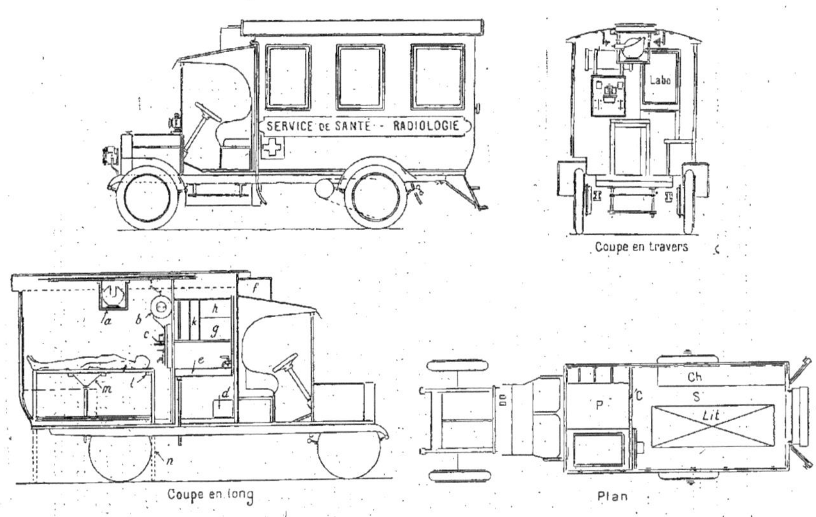

Fig. 114. — Projet de voiture radiologique automobile formant laboratoire et salle d'opération.

quement pour leur utilisation réelle, c'est-à-dire pour transporter du matériel, et si le système des baraquements démontables n'est pas préférable. L'usage sera seul juge de la question.

Cette étude sur les voitures radiologiques montre que de sérieux efforts ont été faits par le Service de Santé pour doter les formations sanitaires de tous ordres, des ressources de la radiologie.

Il reste maintenant à savoir si, par de nouveaux perfectionnements, on parviendrait à obtenir un rendement meilleur encore, en s'inspirant de conceptions plus pratiques et surtout plus économiques.

L'essentiel est surtout que la radiologie s'infiltre encore davantage dans tous les services chirurgicaux de l'avant et de l'arrière pour le plus grand bien des blessés,

CHAPITRE VI

LA LOCALISATION DES PROJECTILES

La localisation des corps étrangers dans l'organisme a, dès la découverte des rayons X, préoccupé tous les expérimentateurs.

En 1899, lorsque M. le docteur Guilleminot présenta au Congrès de l'A. F. A. S., le premier compas Massiot, il n'avait pas manqué de signaler que plus de cent procédés divers avaient été déjà imaginés pour atteindre ce but. Pour ne citer que les auteurs les plus connus, nous rappellerons les noms de Mergier, Contremoulin, Londe, Buguet, Morin, Warluzel, Rémy, etc. Tous leurs procédés reposaient d'ailleurs fatalement sur les lois de la perspective appliquée au déplacement des ombres, lorsque les positions réciproques du foyer et de l'objet sont modifiées.

A cette époque également, existait déjà l'autotéléphone sonde de Hedley, présenté depuis comme un instrument nouveau.

D'ailleurs, le repérage des projectiles n'offrait en temps normal, qu'un intérêt tout à fait relatif ; nous en donnerons pour preuve la très faible place accordée à cette question dans le Traité du docteur Jaugeas qu'on peut cependant considérer comme le livre de chevet du radiologiste.

Il a fallu que la guerre survienne pour contraindre les expérimentateurs à s'inquiéter de nouveau de cette question. Une multitude de procédés ont été proposés dans ces derniers temps, et l'on ne peut encore ouvrir aucun bulletin scientifique, aucun journal de médecine ou de vulgarisation même, sans y trouver la description d'un appareil plus ou moins ingénieux.

Il faut avouer cependant que bien des méthodes, prétendues nouvelles, existaient depuis longtemps, mais n'étaient pas appliquées, leurs auteurs ont eu le tort de ne pas se documenter sur les travaux antérieurs.

Principe de la localisation. — Une image radioscopique ou un cliché radiographique ne constituent qu'une ombre du projectile cherché et par conséquent indiquent simplement que ce projectile se trouve sur une ligne reliant l'anticathode à cette ombre. On ne peut donc en déduire aucune indication sur la profondeur du projectile. Tout au plus un opérateur exercé pourra-t-il reconnaître, d'après l'opacité de l'ombre et le flou de ses contours, si le projectile est plus ou moins profond, l'ombre étant généralement, d'autant plus opaque et à bords plus nets que le projectile est plus près de la plaque.

Pour définir la position exacte et par suite la profondeur du projectile, qu'une radiographie situe seulement sur une ligne, il suffit de produire sur l'écran ou de faire sur la même plaque radiographique une seconde ombre après avoir déplacé l'anticathode. La seconde ombre et la seconde position de l'anticathode définissent une seconde ligne passant par le projectile. La position du projectile est donc définie par l'intersection de ces deux lignes.

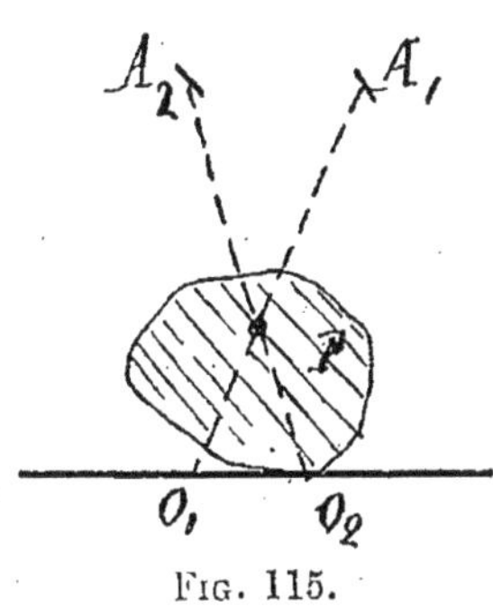

Fig. 115.

Tous les procédés de localisation radioscopique ou radiographique reposent sur cette théorie de l'intersection de deux lignes. Ils diffèrent simplement par la façon dont ces lignes sont matérialisées et définies sur le blessé même. La floraison abondante des procédés de localisation qui a éclos depuis dix ans montre que les moyens de matérialisation sont nombreux.

Tout radiographe un peu adroit se constituera facilement un procédé et un dispositif de localisation avec les moyens qu'il a sous la main. Il aura ainsi la satisfaction d'avoir inventé un nouveau localisateur. Mais il n'échappera jamais à la nécessité géométrique de deux lignes reliant deux ombres à deux anticathodes (ou à une anticathode double). Seul un mépris profond des lois mathématiques a pu inciter un auteur à publier un procédé de localisation, avec une radiographie unique, basé sans doute sur une dangereuse illusion d'optique.

Du choix des méthodes radiographiques ou radioscopiques. — Au sujet de la localisation des projectiles se pose la question du choix entre la radioscopie et la radiographie. Nous ne pouvons prétendre trancher cette question qui a fait l'objet de tant de controverses, d'autant moins qu'à notre avis le choix entre les deux procédés dépend surtout des considérations locales propres à chaque installation et au travail qu'elle doit fournir. D'ailleurs, chacun de ces deux procédés possède ses avantages et ses inconvénients, ses possibilités ou ses impossibilités d'application.

Dans les ambulances de l'avant, où il ne sera pas possible d'établir une chambre noire pour la radioscopie, la localisation radiographique devient nécessaire.

Au contraire dans les installations fixes de l'arrière, il y aura souvent avantage à faire de la localisation radioscopique, de façon à pouvoir au besoin suivre sous l'écran l'intervention chirurgicale.

Les procédés radioscopiques possèdent l'avantage de la rapidité, ils permettent l'examen sous des incidences très variables et la simple constatation des déplacements relatifs de l'ombre du projectile cherché, par rapport à celui d'un organe voisin bien défini, peut souvent suffire à donner une indication utile au chirurgien et éviter l'opération toujours laborieuse qu'est une localisation par radiographie.

Les procédés radioscopiques de localisation permettent aussi au chirurgien d'avoir un guide au cours de l'opération, surtout si l'on emploie des appareils à écrans mobiles spécialement destinés à cet usage (Manudiascope de Bouchacourt, voir page 189), Bonnette fluoroscopique, Cagoules, etc.). Mais ils ont par contre l'inconvénient de ne pas donner un document extrêmement précis si le chirurgien intervient sans le secours de l'écran.

Toutefois la pratique d'examens constants pendant des journées entières, risque d'amener des troubles chez l'expérimentateur, et, si bien protégé soit-il, il semble difficile qu'il puisse sans danger assurer pendant longtemps un service intense.

Depuis que les procédés radioscopiques sont généralisés, nombreux déjà sont les médecins et les opérateurs qui ont subi les atteintes de la radiodermite; mais ils ont conscience que l'intérêt supérieur leur dicte de poursuivre sans relâche leurs investigations et, méprisant les troubles auxquels cet ennemi invisible les expose, autant de fois que le service le leur commande, ils restent penchés sur l'écran luminescent pour découvrir le projectile meurtrier dont l'extraction sera peut-être le salut du blessé.

Les procédés radiographiques épargnent l'opérateur et s'imposent même dans certains cas où la radioscopie serait impuissante à déceler la présence de certains projectiles situés dans des conditions particulières; par exemple, lorsqu'ils n'ont pas une opacité suffisante ou qu'ils se trouvent situés dans des régions trop épaisses ou bien encore qu'ils sont masqués par des opacités provenant des troubles occasionnels euxmêmes.

Nous avons dit que de nombreuses méthodes existaient, or, bien des auteurs ne se sont pas seulement bornés à préconiser celles qu'ils ont conçues, mais encore ils ont souvent décrit les procédés divers d'appliquer une même méthode.

Aussi en raison du choix véritablement considérable de procédés et de dispositifs de localisation qui s'offre aux expérimentateurs, nous ne pouvons dans cet ouvrage que donner des descriptions de principe, renvoyant pour les divers appareils aux notices des constructeurs. Cependant, au risque de paraître exclusifs, nous nous bornerons à décrire complètement les procédés pour lesquels nous avons apporté une note personnelle. Cela ne veut évidemment pas dire que nous préconisions ces méthodes à l'exclusion de toutes les autres. Nous avons en effet la conviction, que tel procédé qui ne semble pas donner de bons résultats entre les mains de l'expérimentateur en préférant un autre, donnera au contraire les indications les plus précises à l'opérateur qui en a acquis une pratique journalière.

Procédés radioscopiques. — Ils se résument tous à deux examens radioscopiques successifs sous deux incidences obliques, en voici le principe, d'ailleurs fort simple.

Supposons un projectile P, inséré dans la région explorée, placée sur une table horizontalement ou maintenue verticalement.

Il suffit de faire deux examens en déplaçant l'ampoule, et de marquer dans

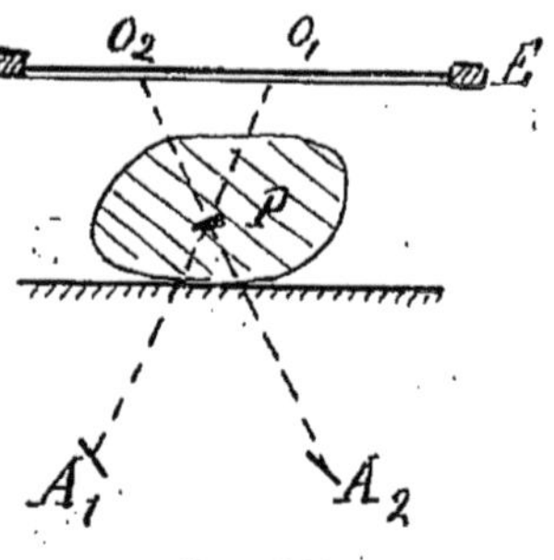

Fig. 116.

chaque cas les points où les lignes d'ombre du projectile traversent la peau du blessé. Ces points se reconnaissent facilement à ce qu'un corps opaque aux

rayons X placé sur les orifices d'entrée ou de sortie
de ces lignes donne une ombre qui se confond avec
celle du projectile. Il suffit donc d'amener sur la peau
du blessé un corps opaque, un petit anneau de plomb
par exemple, en une position telle que son ombre
encadre l'ombre du projectile pour avoir l'un des
orifices d'entrée ou de sortie de la projection. Le docteur Nogier a fait construire sur ce principe une pince
qui détermine à la fois l'orifice d'entrée et de sortie,
par ses deux extrémités opaques.

Index inscripteur Massiot. — Au lieu de se contenter d'une simple tige métallique terminée par un

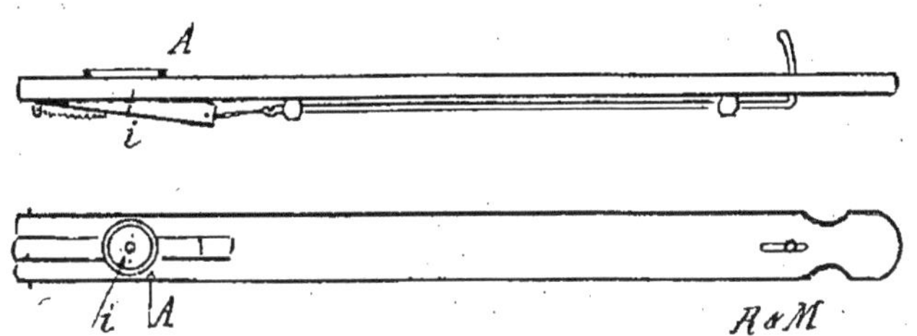

Fig. 117. — Index inscripteur.

anneau, et qui permet d'encadrer l'ombre du projectile au niveau de la peau, ou même de deux tiges
reliées entre elles et formant pince, on utilise assez
couramment un appareil plus complet muni d'un
encreur qui laisse une empreinte de la position qu'occupait l'anneau repéreur.

L'appareil se compose essentiellement d'une réglette
de bois mesurant environ 0 m. 50 de longueur. A
l'une des extrémités de la règle se trouve un anneau
métallique au centre duquel peut s'élever une sorte

de tampon au moyen d'une tige de commande ma-
nœuvrée au doigt de l'autre extrémité.

Mode opératoire. — *Examen sous deux incidences
obliques.* — On pratique un examen radioscopique sous
une incidence favorable à la visibilité du projectile
sur l'écran, et, tenant à la main la réglette comme le
montre la figure, on déplace cette réglette sous la
région examinée du blessé, dans une position telle que
l'ombre de l'anneau encadre le projectile. A cet ins-

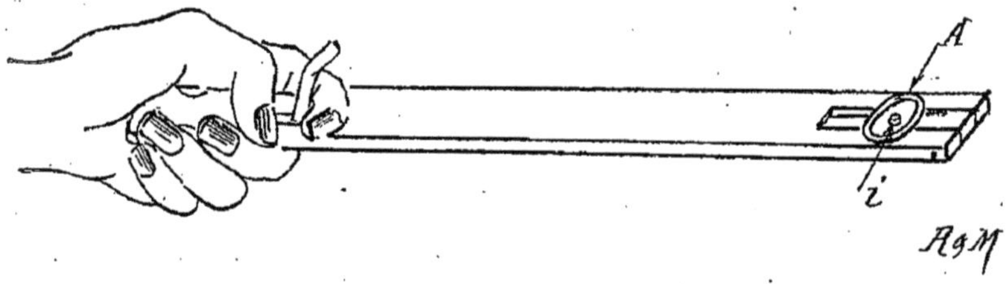

Fig. 118. — La réglette est tenue à la main, l'index prêt à appuyer
sur la gâchette du marqueur.

tant, on appuie sur la tige qui commande le tampon
préalablement imbibé d'encre indélébile, ou, à défaut,
de teinture d'iode, qu'on trouve dans toutes les ambulances. Une marque se trouve placée sur la peau et
indique l'entrée du rayon incident par où passe le
projectile; on répète la même opération en plaçant la
réglette sur la partie antérieure.

En réunissant virtuellement les deux points marqués sur la peau, on obtient une première direction
du projectile.

On pratique un second examen sous une autre incidence et, en traçant une autre série de points, le chi-

rurgien possède une indication approximative de l'emplacement du corps étranger qui se trouve à l'intersection des deux lignes idéales qui réunissent ces points.

Il est juste de dire qu'en 1898, le docteur Perdu avait déjà proposé un système analogue, son marqueur était constitué par une pointe de cautère qu'il rougissait au moment voulu.

On peut compléter facilement cette méthode, en reportant au moyen d'un simple compas de menuisier à branches courbes, les distances relatives des repères entre eux, successivement et deux à deux ; ces distances sont reportées sur une feuille de papier, et l'on obtient, ainsi matérialisée, la position du corps étranger que le chirurgien peut repérer anatomiquement.

Ce procédé n'est autre que celui préconisé par le docteur Debierne. Un compas spécial du même auteur permet, en se reportant aux repères marqués sur la peau du patient, de donner au chirurgien, à tout moment de l'opération, la direction et la profondeur du projectile cherché.

Le compas se compose de branches et d'un stylet mobile qu'on règle facilement d'après le tracé dont nous avons parlé plus haut.

Localisation dite par face et profil (1). — Il semble au premier abord que le procédé le plus simple de localisation consiste à faire deux examens radioscopi-

---

(1) Cette méthode n'est autre en définitive qu'un cas particulier de la précédente, où les deux rayons incidents sont perpendiculaires.

ques dans des directions à peu près perpendiculaires, de manière à réaliser en quelque sorte un plan et une élévation de la région qui contient le projectile, soit en déplaçant l'ampoule, soit en faisant tourner le membre ou le blessé lui-même si son état le permet.

Malheureusement, il est impossible actuellement (et peut-être le sera-t-il toujours, quels que soient les rayonnements employés), de faire des examens convenables de profil, du thorax et du bassin.

Le procédé n'est donc pas applicable dans les cas où la localisation est le plus nécessaire et le plus délicate ; par contre, il peut rendre de grands services pour la localisation des projectiles dans le crâne ou les membres.

Procédés du rayon normal. — Dans les examens radioscopiques précédemment décrits, nous avons pris arbitrairement un rayon incident quelconque. Nous ne nous sommes nullement inquiétés de l'incidence des deux rayons par rapport au plan de déplacement de l'ampoule ; dans les procédés qui vont suivre, nous choisirons pour l'un des rayons celui qui est perpendiculaire à ce plan. C'est ce rayon que nous désignerons sous le nom de rayon normal. Il est matérialisé, soit par un index placé au centre de l'ouverture de la cupule porte-tube, soit par le centre même du diaphragme qui limite le champ d'éclairement.

Les procédés basés sur ce principe du rayon normal se résument donc aux opérations suivantes : coïncidence du projectile avec le trajet du rayon normal et déplacement de l'ampoule d'une quantité déterminée. On trace ainsi dans l'espace deux triangles semblables, dont les sommets communs représentent la position du projectile ; par une épure très simple, par le calcul de proportionnalité ou par l'emploi d'un barême établi d'avance, la détermination de la profondeur se fait immédiatement.

Les moyens de réalisation sont fort nombreux.

Tout d'abord, l'index repéreur peut servir. Il suffit de lui adjoindre un simple indicateur de rayon normal,

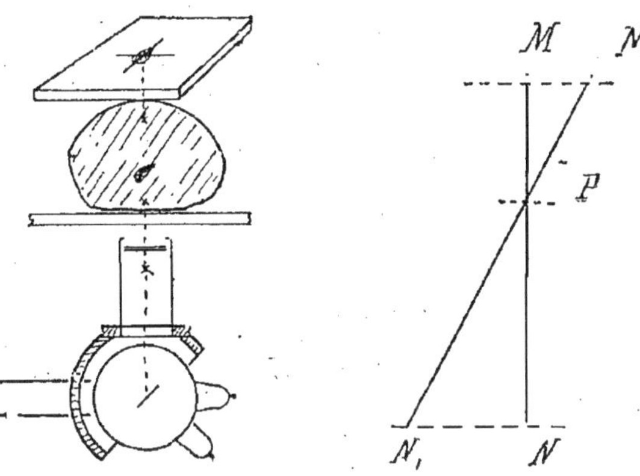

Fig. 119. — Coïncidence du rayon normal et du projectile.

Fig. 120.

constitué par une sorte de tube muni de deux croisés de fils métalliques portant ombre sur l'écran ; l'écran peut être tenu dans une position parallèle à celle du déplacement du tube.

On déplace l'ampoule en tous sens jusqu'à ce que la trace du rayon normal coïncide avec l'ombre de la croix de repère (fig. 119).

On peut, au moyen de l'index repéreur, marquer l'entrée et la sortie du rayon normal sur la peau, et dans tous les cas, on indique sur l'écran, soit par un trait de plume sur son verre protecteur, soit en plaçant une pièce de monnaie, l'endroit où se projettent confondues l'ombre du projectile et l'ombre de la croix.

Ceci fait, on déplace le tube d'une quantité NN', il en résulte un déplacement MM' (voir fig. 120) qu'on mesure ; les distances MN' qui séparent l'écran de l'anticathode, les déplacements NN' et MM' qui en résultent, permettent, sachant que dans deux triangles semblables les côtés homologues sont proportionnels, de déduire facilement la profondeur MP, par rapport à la face antérieure.

Nous rappelons, à titre de simple indication, la formule à employer :

$$MP = \frac{MM' \times MN}{N'N + M'M} .$$

Si on préfère ne pas se livrer à des calculs, on peut faire la construction des triangles en portant ces longueurs sur une planche et en tendant une ficelle qui coupe le rayon normal au point P cherché.

Si on déplace ce tube d'une quantité $N'\,N$ connue et qu'on opère à une distance définie, on peut consulter un barême, établi à l'avance.

Méthode du coefficient. — Un procédé basé sur cet éternel principe évite tout calcul compliqué et tient le record de la rapidité. Il est trop simple à improviser soi-même sur n'importe quel matériel pour que nous le passions sous silence.

Imaginons qu'on fixe horizontalement au niveau de

l'ouverture de la cupule d'où sortent les rayons X ou légèrement au-dessus, deux tiges métalliques, l'une *a* placée suivant le trajet du rayon normal, l'autre *b* fixée parallèlement, et toutes deux posées perpendiculairement au mouvement de déplacement qu'on imprimera à l'ampoule (les déplacements des tiges étant invaria-

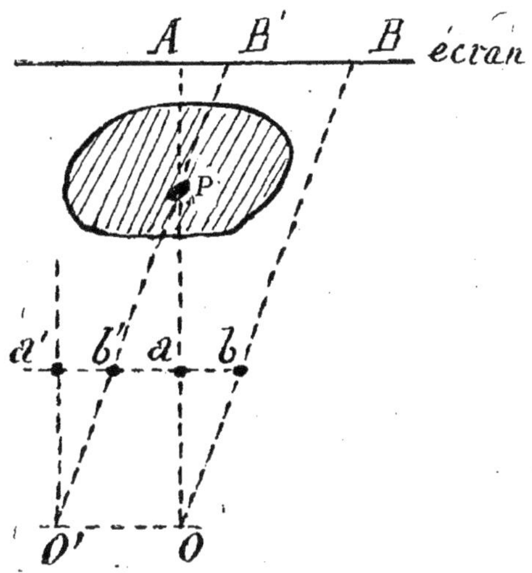

Fig. 121. — Méthode du coefficient.

blement liés à ceux de l'ampoule). Si on a eu soin d'écarter ces deux tiges d'une quantité correspondante à une fraction connue de la distance de leur plan à l'anticathode, $\frac{1}{2}$, $\frac{1}{3}$ ou $\frac{1}{5}$ par exemple, il est facile de se rendre compte que la distance qui sépare les deux ombres A et B des tiges *a b*, sera exactement 2, 3 fois ou 5 fois moindre que la distance OA de l'anticathode à l'écran. En mesurant la distance AB on déduirait donc la hauteur de l'écran au-dessus de l'anticathode puisqu'il suffirait de multiplier AB par 2, 3 ou 5. On conçoit que ce principe puisse être facilement appliqué pour déterminer la profondeur d'un projectile dont on ferait successivement coïncider les ombres avec le rayon OA ou avec le rayon OB.

Pour fixer les idées, supposons par exemple que la distance Oa du plan des tiges à l'anticathode soit de 15 centimètres et que l'écartement ab adopté pour les tiges soit de 3 centimètres, le coefficient à retenir sera 5.

Par des déplacements successifs de l'écran, on amènera d'abord en coïncidence, l'ombre du projectile p et celle de la tige a, on notera un point A sur l'écran et on marquera au besoin sur la peau du patient l'entrée et la sortie du rayon normal.

On décalera ensuite l'ampoule jusqu'à ce que l'ombre du projectile et celle de la tige b se confondent; l'anticathode étant venue en O′, les tiges seront respectivement en a' et b' la coïncidence se sera faite en B′. On mesure AB′ et en multipliant par le coefficient adopté, 5, le nombre trouvé représentera la distance Ap du plan de l'écran au projectile.

Tout autre rapport que $\dfrac{1}{5}$ aura d'ailleurs pu être choisi, cela dépendra uniquement de l'ouverture de la cupule et de la distance à laquelle on aura pu fixer les tiges. La méthode sera évidemment d'autant plus précise que le coefficient sera plus faible, puisque les erreurs de mesure de la distance AB′ seront multipliées par un nombre *d'autant moins* élevé.

Cependant, ces systèmes ne donnent que les dis-

tances du projectile à l'anticathode, ou à l'écran, il
faut en déduire celle qui sépare l'anticathode du plan
d'appui ou celle comprise entre le plan inférieur de
l'écran et le blessé.

L'Échelle du docteur Guilleminot. — Le procédé
préconisé par le docteur Guilleminot donne directement et par simple lecture la profondeur du projectile
à partir de la face antérieure ou de la face postérieure
de la région explorée.

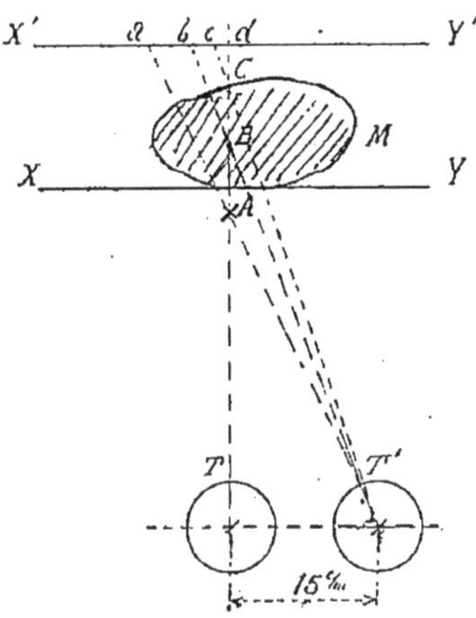

Fig. 122. — Schéma du procédé du docteur Guilleminot.

Ce procédé consiste essentiellement à opérer automatiquement une triangulation de la façon suivante :
Le blessé *M* est placé sur la table *XY*. Le tube *T* est
amené en position telle que le rayon normal déterminé
par le croisillon *A* passe par le projectile *B*. On marque
à l'aide du crayon gras la projection normale *d* sur le
verre de l'écran et le point d'émergence *C* sur la peau

par un index métallique. On décale alors le tube de 15 centimètres, de T en T' et on marque sur l'écran $X'Y''$ les trois projections décalées c, b, a. Une échelle donne à simple lecture, par le nombre de divisions entre c et b, le nombre de centimètres entre C et B, c'est-à-dire la profondeur du projectile sous l'index.

Rien n'est plus simple que de permettre l'emploi de ce procédé avec les tables d'examen. Il suffit de munir la cupule protectrice d'un bon diaphragme à fente, d'un croisillon A placé à une distance déterminée et invariable.

Procédé « Massiot ». — Tous les procédés graphiques ou par calcul présentent le même inconvénient ;

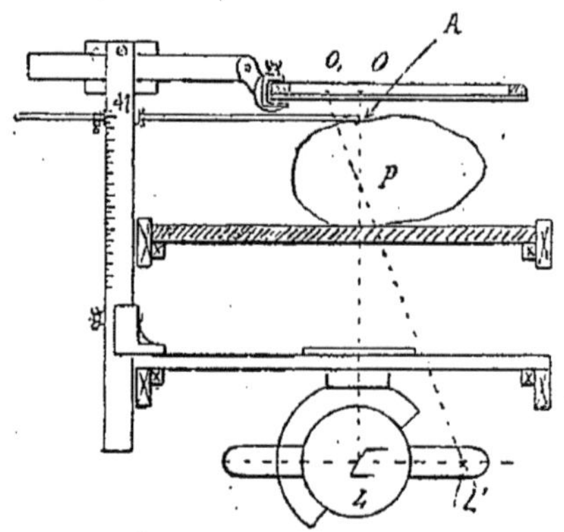

Fig. 123.

1re Phase : O, trace du rayon normal passant par le projectile et l'extrémité de la tige. — L', seconde position de l'ampoule. — O', trace du rayon oblique passant par le projectile.

non seulement ils ne donnent qu'une direction et qu'une profondeur, mais ils ne donnent pas à notre avis une matérialisation suffisante. Il nous a semblé

que rien ne valait, pour le chirurgien, de lui donner
par des aiguilles indicatrices, convergeant vers le projectile, la situation dont il peut alors discuter et discerner les points d'accès.

Nous avons donc choisi une disposition qui s'adapte
facilement au lit Massiot ou à notre table fixe d'examen
et qui consiste simplement en ceci :

Le long de la règle verticale qui sert de support à

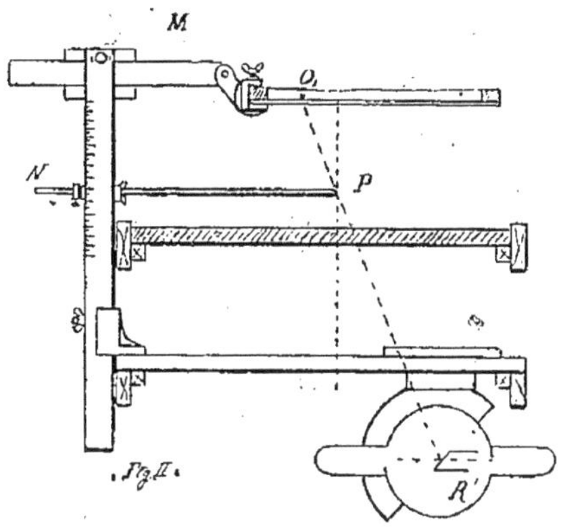

FIG. 124.

2ᵉ *Phase :* L'ampoule étant toujours en R', la tige est descendue
jusqu'à ce que l'ombre de sa pointe se fasse en O'.

l'écran, on peut placer une douille dans laquelle cou-
lisse une tige munie d'un index, cette tige et sa douille
sont mobiles verticalement le long de la règle. Le
blessé étant couché sur la table, l'écran monté sur son
support, on obtient par déplacement de l'ampoule la
coïncidence de l'ombre du projectile avec le rayon
normal (*fig.* 123). On dispose la tige indicatrice immédiatement en dessous de l'écran et contre le blessé,
de façon que la pointe coïncide également avec le

rayon normal. On relève l'écran, on trace un repère sur la peau et on rebaisse l'écran. Ceci fait, on décale le tube transversalement d'une quantité quelconque, on observe la nouvelle position de l'ombre du projectile et on la marque sur l'écran.

Pour trouver la profondeur, sans que le blessé bouge,

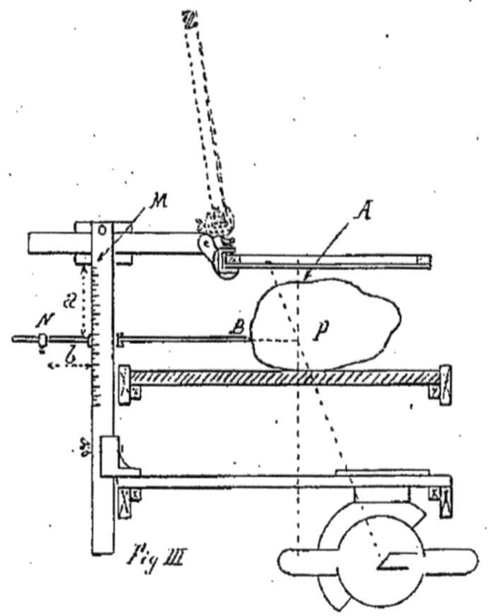

Fig. 125.

3ᵉ *Phase :* L'ensemble du système est ramené à sa position primitive ; *a* indique la profondeur dans le sens vertical ; *b* indique la profondeur dans le sens horizontal.

on glisse l'ensemble, écran et tube, le long du lit dans une partie où la place est libre (*fig.* 124). On note la division où se trouvait la tige indicatrice, puis on la descend graduellement, tandis que l'ampoule fonctionne, jusqu'à ce que l'ombre de l'extrémité de la tige coïncide avec la marque faite sur l'écran. On lit

la division à laquelle on s'est arrêté, la différence
donne la profondeur du projectile par rapport au repère tracé sur la peau.

Si cette indication ne suffit pas au chirurgien, on
peut indiquer la position du projectile dans une direction perpendiculaire et sans nouvel examen radioscopique (*fig.* 125). Il suffit pour cela de s'assurer que l'index fixé sur la tige butte contre la douille, d'écarter
cette tige pour pouvoir replacer le système au point
où il se trouvait au moment du premier examen radioscopique et de renfoncer la tige indicatrice jusqu'au
contact avec la peau. On trace un trait de repère, et la
distance qui sépare l'index de la douille représente la
profondeur dans la direction horizontale.

Enfin, ces mensurations peuvent être matérialisées
au moyen du compas en demi-cercle, dont nous parlerons plus loin.

Trusquin repéreur. — Pour les installations qui
ne possèdent qu'une table ordinaire et qu'un porte-
ampoule indépendant, nous avons combiné un dispositif analogue basé sur l'observation à l'écran des
déplacements égaux ou inégaux des ombres de deux
opacités, suivant que ces opacités sont à des hauteurs
égales ou différentes de l'anticathode.

Un Anglais, radiologiste distingué, se faisait fort,
tant il en avait acquis la pratique, de trouver dans un
volume une pièce de monnaie placée entre deux feuillets. Son procédé était fort simple, il consistait à
monter et descendre la lame d'un couteau près du
livre tout en déplaçant un tube à rayons X en dessous
et perpendiculairement à la ligne des deux ombres,

pièce et lame. Dans une certaine position de la lame, les deux ombres se déplaçaient sur l'écran de la même quantité. A cet instant, le couteau se trouvait dans le même plan horizontal que la pièce. Le radiologiste enfonçait alors la lame entre les feuillets du livre et tombait invariablement sur la pièce.

Cette anecdote, qui nous a été rapportée par M. le

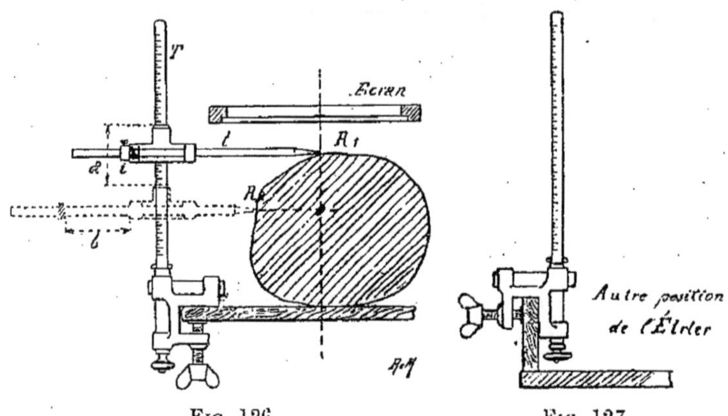

Fig. 126.   Fig. 127.

Dispositions du trusquin sur le rebord de la table d'examen.

docteur Béclère, lui a servi à l'application d'une méthode fort simple de repérage en radioscopie ; le dispositif que nous proposons s'en est inspiré et donne des indications d'une précision pratiquement très suffisante en radioscopie.

Le *Trusquin repéreur* se compose (fig. 126 et 127) :

1° D'un étrier dont la forme est telle qu'on puisse le placer à champ sur une traverse quelconque fixée le long d'un brancard, d'un lit ou plus simplement encore à plat sur le rebord d'une table ;

2° D'une tige divisée verticale T, le long de laquelle

peut se déplacer une autre tige horizontale *t* munie d'un index *i*.

Pour effectuer un repérage, on fixe d'abord approximativement l'étrier en regard de l'endroit supposé du projectile ; en déplaçant le tube sous la table d'opération, on centre l'ombre du projectile sur le parcours du rayon normal.

On dispose la tige horizontale *t* de façon que l'ombre de son extrémité coïncide avec l'ombre du projectile et on fait en sorte que cette tige soit en contact avec la peau du blessé. On pousse l'index *i* contre la pièce qui sert de guide à la tige, on note la division à laquelle cette pièce s'est arrêtée et on trace sur la peau un repère R.

Pour avoir la profondeur, on écarte la tige horizontale en la faisant coulisser dans son guide, de façon que l'extrémité puisse passer le long du blessé. On descend graduellement la tige horizontale, on décale longitudinalement le tube et l'on observe qu'en une certaine position de la tige, l'ombre du projectile et l'ombre de la tige se meuvent de la même quantité. On immobilise la tige en ce point, on lit la nouvelle division, la différence *a* constatée représente la profondeur du projectile par rapport au point R[1].

On enfonce la tige *t* jusqu'à ce qu'elle vienne en conctact avec la peau, on trace un second repère R[2]. La distance *b*, qui sépare l'index *i* du guide de la tige, représente la profondeur du projectile par rapport à une direction perpendiculaire à la première.

Ces deux coordonnées fixent la position du projectile dans l'espace et suffisent au réglage et à l'application du compas dont nous parlerons plus loin.

On pourrait multiplier à l'infini les dispositifs différents, tous basés sur ces mêmes principes, nous ne parlerons que pour mémoire, de l'écran percé de Hirtz, également très employé, et dans lequel la pointe de la tige de nos dispositifs s'est trouvée remplacée par un fil à plomb qui passe au travers de l'écran et dont on arrête la descente au moment où son ombre est venue se confondre avec l'image décalée du projectile.

Ce système ne permet jusqu'ici aucun report de compas sur le blessé après examen ; il serait peut-être d'ailleurs facile de le combiner.

Compas, indicateurs de direction et de profondeur. — Nous arrêterons là, la description des procédés radioscopiques ; reste maintenant à profiter des renseignements qui nous ont été fournis par ces examens, pour faire des mensurations sur le blessé même au cours des opérations, et donner au chirurgien un moyen matériel de contrôle constant qui lui permettra de se rendre compte s'il suit, dans ces recherches, la bonne direction, s'il est à la profondeur voulue, etc., c'est là le but du compas. Bien que le même instrument puisse servir en utilisant les données qui ont été fournies par les procédés radioscopiques et les procédés radiographiques, nous avons jugé qu'il était plus rationnel de placer ici sa description et son usage.

Compas Massiot. Réglage. — Le compas se compose essentiellement d'un demi-cercle, ses deux extrémités sont munies de douilles dans lesquelles coulissent deux tiges qui se rencontrent au centre. Le long de cet

arc de cercle, une pièce qui peut se déplacer porte une
tige mobile dans sa douille.

On dispose cette tige mobile de telle sorte qu'elle
soit perpendiculaire aux deux autres tiges et on l'écarte
d'une quantité PB égale à la distance du projectile à
la partie supérieure de la peau, distance relevée sur
la règle verticale du porte-écran si l'on a appliqué le

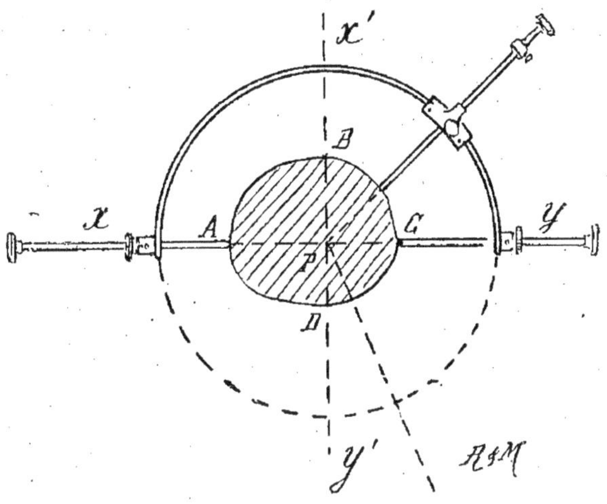

Fig. 128. — Les tiges du compas sont réglées de telle sorte que
le projectile P se confonde avec le centre de l'arc de cercle.

procédé décrit page 289, ou distance relevée sur la tige
verticale du trusquin si c'est cette méthode qui a été
employée.

On écarte une des tiges horizontales d'une quantité
AP égale à *b* trouvée sur la tige horizontale du porte-
écran ou celle du trusquin suivant la méthode employée.

- Quant à la tige opposée du compas, on l'écarte

franchement pour qu'elle ne gêne pas la mise en
place de l'instrument sur le blessé. Ceci fait, le compas est réglé.

Report du compas. — On conçoit donc qu'il suffira
de reporter le compas sur le blessé de telle sorte que
les extrémités *A* et *B* des tiges coïncident avec les
points de repère correspondants, tracés sur la peau,
pour que le chirurgien possède à tout moment de son

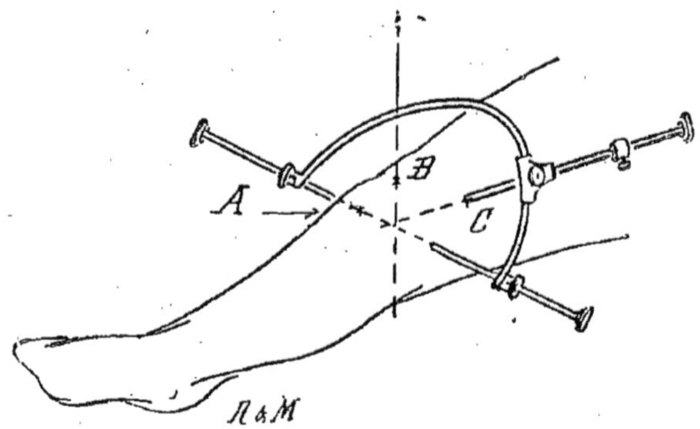

Fig. 129. — Le compas est reporté sur le blessé.

opération, les indications précises sur le siège du
corps étranger.

Si les indications fournies ne suffisent pas au chirurgien et qu'il désire connaître la profondeur et la direction par rapport à tout autre point du champ
opératoire, on enfonce la tige non réglée jusqu'au
contact avec la peau, on trace en cet endroit le point
de contact.

Dans ces conditions, le projectile occupe le centre
d'une sphère qui serait décrite par la rotation de l'arc

de cercle autour de son diamètre. On peut donner à
a tige mobile une orientation quelconque, cette tige
donnera à tout moment la direction et la profondeur
du projectile, quel que soit le point d'accès choisi par
le chirurgien, que ce point soit latéral, antérieur ou
postérieur.

Toutefois, des considérations cliniques peuvent

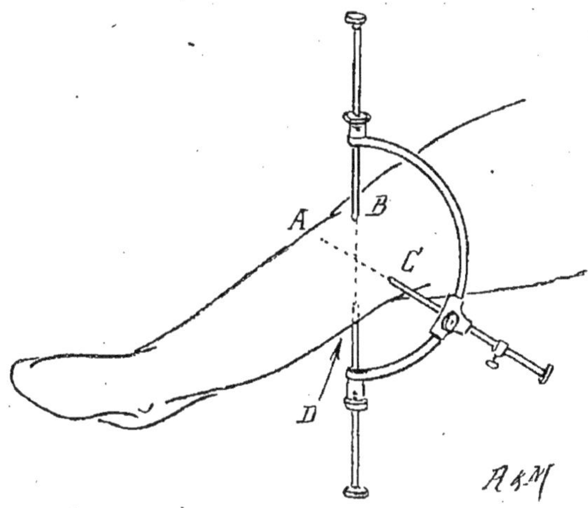

Fig. 130. — Quelle que soit l'orientation donnée au compas, la
tige indicatrice se dirige toujours vers le projectile.

amener le chirurgien à préférer accéder par la paroi
latérale, ou par la paroi postérieure, le compas peut
aussi ne pas avoir une envergure suffisante pour em-
brasser toute la région (cas d'un bassin ou d'un thorax
par exemple).

Rien n'est alors plus simple de tourner la difficulté;
on dispose l'index de telle façon qu'il soit perpendiculaire à la direction des tiges et au lieu de prendre
pour base l'axe *XY* de la figure (voir page 296), on

prend l'axe $X'Y'$. Le réglage et le report du compas se font alors dans les mêmes conditions qu'il a été dit précédemment. On voit en outre, que sans aucun examen radioscopique nouveau, il est possible de donner instantanément, les directions et les profondeurs par la face opposée à celle où on a pratiqué l'examen.

Il semble inutile d'ajouter que le repéreur Massiot est très facilement stérilisable, en raison de son volume réduit et de la simplicité des organes qui le composent et qui se réduisent à de vulgaires tiges coulissantes sans précision exagérée.

Ce compas présente un intérêt tout particulier dans les formations de l'avant où l'opération n'est pas toujours faite sous le contrôle des rayons X, mais le plus souvent pratiquée après le passage du radiographe. Il semble donc utile que le chirurgien possède toutes les indications nécessaires au moment de son intervention, le compas les lui fournira sans qu'il lui soit utile de recourir de nouveau aux rayons X.

Procédés radiographiques. — Si les indications fournies au chirurgien par les procédés radioscopiques sont suffisantes en maintes circonstances, il faut cependant tenir compte que, dans nombre de cas, les procédés radiographiques s'imposent parce que la visibilité des projectiles sous l'écran ne permet pas une bonne interprétation; nous n'en donnerons pour exemple que les projectiles, tels que enveloppes de balles, éclats de grenades, qui sont en fonte mince, insérés dans les régions épaisses, crâne, thorax, bassin.

Ces conditions, jointes à la nécessité de protéger à la fois l'expérimentateur et le blessé, des irradiations trop prolongées, obligent à employer les procédés radiographiques.

Pour ces derniers, nous disons simplement, procédés radiographiques, bien qu'ils soient presque toujours précédés, à moins d'impossibilité absolue, d'un examen radioscopique préalable, et cela pour ne point entamer une série d'opérations assez délicates avant d'avoir restreint le champ des recherches.

De multiples moyens ont été proposés et le plus souvent encore autrement compliqués que ceux empruntant la radioscopie. Nous n'avons pas échappé à la loi commune, nous avons aussi cherché un procédé qui s'adaptait au matériel dont nous disposions pour répondre aux exigences du service que nous assurions dans les ambulances.

Avant d'en entreprendre la description, nous passerons en revue quelques moyens simples et que chacun pourra pratiquer sans autre secours que celui de quelques morceaux de bois, l'ingéniosité des expérimentateurs aidant.

Procédé par face et profil. — De même qu'en radioscopie, la localisation par face et profil peut fournir des indications précieuses. Nous croyons même nous souvenir que la première et très ancienne méthode de Contremoulin était basée sur ce principe.

Observons cependant que la radiographie face et profil ne donne pas réellement un plan et une élévation de l'organe examiné. Il faudrait pour cela que les ombres qui constituent l'image sur la plaque ou

l'écran soient produites par des rayons tous perpendiculaires à la plaque ou à l'écran, et par conséquent
tous parallèles. Il n'en est pas ainsi puisqu'ils forment
un cône dont la pointe est à l'anticathode. De cette
conicité de la projection résultent une déformation et
un agrandissement des corps projetés, de sorte que
l'on ne peut obtenir par ce procédé de mesures rigou-
reuses relativement à la position ou à la profondeur
du projectile.

En réalité les erreurs commises sont faibles, surtout si l'on peut s'arranger de manière à ce que le
rayon normal (on nomme ainsi la perpendiculaire
abaissée de l'anticathode sur la plaque ou l'écran)
passe à peu de distance du projectile cherché.

Il est évident qu'en radiographie cette condition ne
peut être réalisée que par un hasard heureux pour la
première des deux épreuves, mais on peut la réaliser
sensiblement pour la seconde. Pour cela on fera la
première épreuve sur une plaque horizontale (le
blessé étant supposé couché) et l'on marquera la
position du rayon normal au moyen d'un repère en
plomb (en forme de croix pour éviter toute confusion),
que l'on placera sur la peau du blessé dans la verticale de l'anticathode. Après avoir développé cette
première épreuve, on saura quelle distance horizontale sépare le projectile du rayon normal, et l'on fera
la correction de ce fait pour la seconde épreuve, en
déplaçant le porte-ampoule d'une quantité égale à
cette distance. Il reste, il est vrai, une incertitude
quant à la hauteur à laquelle doit être placée l'ampoule pour la radiographie sur plaque verticale, mais
étant donné la faible épaisseur des membres ou de la

tête relativement au tronc, il suffira de placer l'anti-cathode à mi-hauteur du crâne ou du membre examiné pour avoir une erreur de conicité négligeable.

Ce procédé a l'inconvénient d'exiger un temps assez long, la deuxième épreuve ne pouvant être faite que lorsque la première est terminée. Il a cependant l'avantage énorme de donner une représentation extrêmement parlante et simple de la position du projectile par rapport aux parties osseuses voisines ou par rapport à la surface cutanée. En outre il n'exige aucun matériel spécial et réussit à coup sûr. Il donne des résultats très nets pour le crâne, les vertèbres cervicales, les bras, le genou, la jambe et le pied.

Avec un matériel puissant il pourrait, à la rigueur, être utilisé pour des régions plus volumineuses.

Radiographie sous deux incidences obliques. — Le principe de ce procédé n'est autre que celui radioscopique décrit page 279 et dans lequel l'écran se trouve remplacé par une plaque photographique. Toutefois, en radioscopie, on a pu faire en sorte que le plan des rayons incidents soit perpendiculaire à celui de l'écran, et que par conséquent, le projectile se projette sur la ligne d'intersection de ce plan avec l'écran.

Mais en radiographie, malgré l'examen radioscopique préalable, on n'est pas toujours certain de se trouver dans ces conditions ; on ignore à quel point la perpendiculaire abaissée du projectile sur la plaque et qui définit la hauteur du projectile au-dessus du plan d'appui du blessé, va tomber. Il faut donc avoir recours, soit à une construction géométrique, soit à une construction matérielle par fils tendus qui donnera la situation du corps étranger.

Mode opératoire. Tracé de l'épure. — La façon d'opérer est extrêmement simple; le blessé étant couché sur la table, la plaque en dessous, l'ampoule en des-

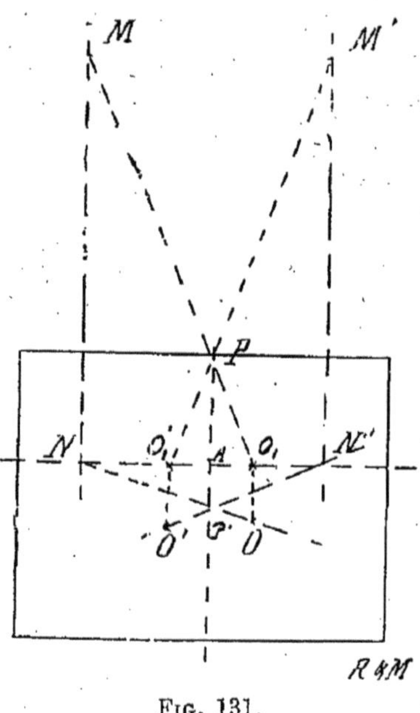

Fig. 131.

sus, on fait une première pose en ayant soin de laisser pendre un fil à plomb exactement situé dans le prolongement de l'anticathode. On marque sur la peau l'endroit où aboutit le fil à plomb. On déplace l'ampoule d'une quantité connue, on répète l'opération, et on développe la plaque. On obtient, sur cette plaque, deux ombres du fil à plomb qui sont écartées de la même quantité dont on a déplacé l'ampoule, et deux ombres du projectile.

Connaissant d'autre part la distance qui séparait le centre de l'anticathode de la plaque, on peut par un tracé très simple, que montre la figure, trouver la hauteur du projectile par rapport au plan de la plaque. Nous rappelons ci-dessous la construction de ce tracé qui consiste à appliquer le principe de géométrie descriptive relatif à la recherche d'un point dans l'espace, défini par ses deux traces sur un plan horizontal.

M et M' étant les positions successives de l'anticathode, N et N' en sont les traces sur le plan de la plaque. Les lignes MO, NO, et $M'O'$ $N'O'$ définissent les deux traces verticales et horizontales des deux plans obliques dans lesquels se trouve compris le projectile.

Comme on a eu soin de tracer sur le malade les deux points N et N', on définira la situation du corps étranger, par les distances relatives NA, $N'A$ et AP'. On indiquera en outre que le corps étranger se trouve à une distance AP, du plan de la plaque.

Cependant, si facile en apparence que puisse être le tracé d'une épure, on n'a pas toujours sous la main le papier de dimensions suffisantes, la règle, le compas, etc. nécessaires pour faire le report des mesures prises sur le cliché. Les procédés basés sur le système de l'épure ne sont donc pas à l'abri de toutes critiques, surtout lorsque cette épure se complique de la recherche successive des trois points d'appui nécessaires au repérage d'un compas à trois branches;

Appareils de profondeur. — Nous préférons à l'épure, un appareil très simple qui peut donner les mêmes résultats plus rapidement et qui est à la portée de toutes les compréhensions.

Une sorte de Té peut recevoir verticalement deux règles dont la hauteur correspond exactement à la

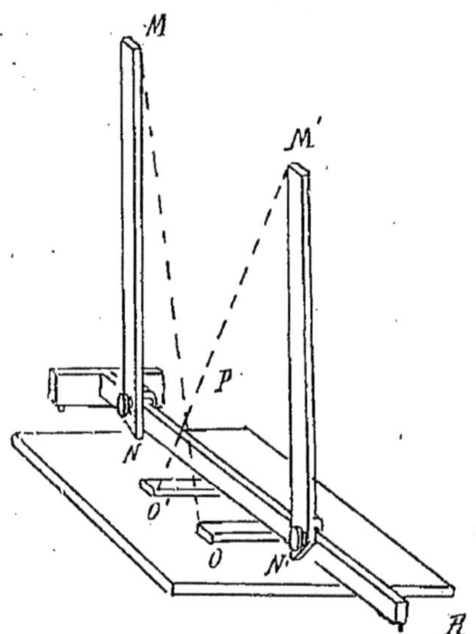

Fig. 132. — Appareil de profondeur.

distance qui sépare l'anticathode de la plaque, et horizontalement deux réglettes qu'on peut fixer en des points quelconques de la règle.

On pose le Té sur le cliché de façon que le grand côté passe par les deux traces des rayons normaux. On fixe les extrémités inférieures des règles verticales en regard de ces traces. On amène les deux réglettes horizontales en regard des ombres respectives du projectile. En tendant des fils représentant les rayons obliques qui ont engendré les ombres successives du projectile, on détermine par leur point de contact l'emplacement du projectile.

Si on a eu soin de marquer sur la peau du blessé, les traces des rayons normaux, on peut donner au chirurgien toutes les coordonnées nécessaires à fixer la position du corps étranger dans l'organe.

Une réalisation plus simple peut être ainsi conçue ;

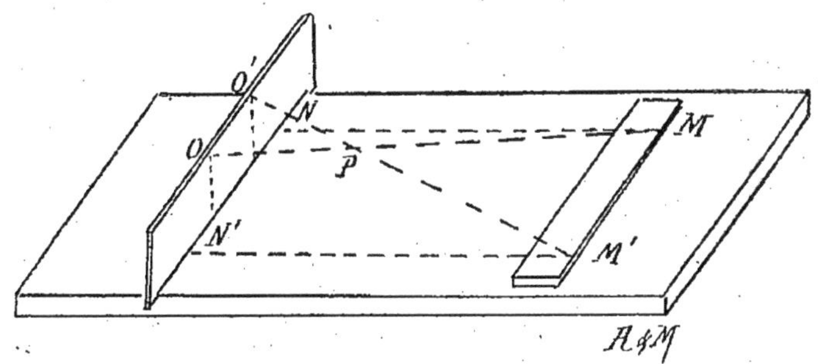

Fig. 133. — Autre disposition simple.

Une simple planche porte deux légères entailles perpendiculaires à l'un des grands côtés de la planche, et distantes chacune de la distance opératoire fixe de l'anticathode à la plaque. On découpe deux morceaux de carton dont la largeur de l'un correspond à l'écart entre la ligne qui joint les traces des rayons normaux NN' et celle qui joint OO'. On accole les deux cartons l'un contre l'autre et on pratique deux entailles distantes de la longueur MM' ou NN' ; le carton dont on a déterminé la largeur est en outre encoché aux emplacements OO'. Il suffit alors de fixer chaque carton dans les entailles de la planche, les encoches OO' en dessus et les encoches NN' vers la rainure.

En tendant convenablement deux fils reliant MO et $M'O'$ on matérialise très exactement la position du corps étranger situé au point de croisement des fils.

Dans le cas particulier où la ligne qui joint les ombres OO' du projectile se confond avec la ligne des rayons normaux, c'est-à-dire lorsque le projectile se trouve dans le plan de déplacement de l'ampoule, la recherche de la hauteur se trouve simplifiée puisqu'elle se réduit à relier par deux fils les points OM, $O'M'$ sans tenir compte du plan oblique.

Procédés complexes. — Nous venons de donner des indications sur quelques procédés simples de localisation. Ces divers procédés, dont le principe fondamental reste toujours le même, ont fait naître eux-mêmes une foule d'appareils plus ou moins compliqués dont le double but a été, d'abord, de déterminer la position du projectile, ensuite d'en représenter matériellement la place par rapport à des points définis, sur la surface de la région explorée.

Pour ne citer que les instruments des auteurs les plus connus, rappelons que les localiseurs Marion Dannion ou Collardeau, matérialisent les deux rayons incidents qui passent par le projectile, au moyen de fils tendus, et que leur compas est constitué par une des pièces démontables de leur appareil. L'appareil de Hirtz procède par voie d'épure et utilise un compas indépendant à 3 branches dont les moyens de réglage ont fait l'objet de nombreuses communications qu'on retrouvera dans les publications scientifiques se rapportant à la Radiologie.

La précision absolue a-t-elle une réelle utilité ? —
Les appareils précités sont en général fort coûteux ;
leur construction extrêmement soignée montre que
leurs auteurs ont attaché la plus grande importance
à la précision qu'ils tirent de leur méthode.

A ce propos, il y a lieu de se demander si la précision absolue est de rigueur. S'il s'agissait de frapper
l'imagination d'un auditoire devant qui on fait une
démonstration de ces appareils, ou de rechercher à un
millimètre près un corps étranger de forme géométrique situé dans un corps indéformable, nous applaudirions à la création d'un instrument d'une correction
parfaite. Nous en comprenons par exemple toute l'utilité lorsqu'il s'agit d'un outil analogue aux compas
de réduction, aux reproducteurs ou aux pantographes
employés par les sculpteurs et qui ont quelque ressemblance avec les compas qui nous occupent.

Mais pour la recherche des projectiles n'y a-t-il pas
intérêt à envisager la question comme elle se présente
réellement dans la pratique, pour faire un appareil à
la portée de tous les budgets, atteignant le but cherché, quitte à sacrifier un peu le côté esthétique et
précis, pour en multiplier les applications.

C'est qu'en effet, nous travaillons sur un corps essentiellement déformable, et nous recherchons dans
ce corps, des pièces dépourvues de toute forme géométrique.

Après que le radiologue aura donné avec le plus
grand soin au chirurgien des points de repères cuta-

nés, des directions et des profondeurs en millimètres, le premier geste du praticien sera de placer le blessé en position opératoire, qui ne sera pas forcément celle dans laquelle il se trouvait au moment de la radiographie.

Des incisions souvent profondes seront faites et les écarteurs agissant sur les lèvres de la plaie, contribueront encore à fausser toutes les indications fournies, sans garantir, non plus, qu'un déplacement du projectile même ne s'ensuive pas. A quoi donc auront servi nos millimètres si consciencieusement indiqués ?

Pour notre part nous estimons que la précision absolue est parfaitement inutile et, nous inspirant des faits, nous avons cherché à réaliser le plus simplement possible, en les adaptant au matériel que nous possédions, des dispositifs qui puissent donner la précision nécessaire, mais aussi, largement suffisante.

Nous avons également tenu compte, dans la plus large mesure possible, que le chirurgien pouvait avoir besoin, sans qu'il soit nécessaire de recourir à de nouvelles opérations radiologiques, de connaître au moment de l'intervention, la situation du projectile en y accédant par une voie quelconque. Il ne nous appartient pas de juger notre procédé, mais s'il a quelque mérite, il a au moins celui d'avoir été maintes fois appliqué et de nous avoir rendu des services pour des cas difficiles.

Procédé radiographique « Massiot ». — *Mode opératoire.* — Nous nous efforcerons de rendre aussi claire que possible la description des opérations successives qui doivent se poursuivre méthodiquement. L'emploi du compas repéreur « Massiot » comporte deux opérations préliminaires :

1° La prise des clichés sous deux incidences obliques choisies après un examen radioscopique sommaire;

2° La détermination dans l'espace de la position du projectile, par rapport à des points de repère tracés sur la peau.

Ces opérations sont effectuées par le radiographe; quant à l'application du compas repéreur lui-même donnant la direction et la profondeur du projectile pour un point quelconque du champ opératoire choisi par le chirurgien, elle peut être faite par le chirurgien lui-même au moment de l'opération.

Description des appareils. — Avant d'entrer dans les détails du mode opératoire, il est nécessaire de donner une description des instruments que nous avons fait adapter au lit d'opération, dont sont munies toutes les installations établies par la maison Massiot; disons cependant que ces mêmes appareils peuvent être utilisés sur une table quelconque à condition de la munir du support d'ampoule analogue à celui dont nous nous servions sur notre voiture. Cependant pour simplifier nos descriptions, nous supposerons que le radiologiste dispose du lit, tel qu'il est décrit à la page 145 (chapitre IV).

L'appareillage comporte :

Un *fil à plomb* qu'on peut placer exactement dans la direction du rayon normal, c'est-à-dire sensiblement en regard du centre de l'anticathode du tube et par conséquent au centre du trou de la cupule protectrice.

Deux *tiges* coudées pouvant se fixer le long d'une

des barres horizontales du porte-cupule : la longueur de la partie coudée est telle que son extrémité horizontale, terminée par une pièce à encoche, corresponde au milieu du porte-ampoule.

Deux *potences* pouvant s'enfiler sur les tiges précitées et dont les anneaux, fixés à l'extrémité de bras horizontaux, correspondent à la hauteur de l'anticathode du tube par rapport au support.

Du *fil* et des *plombs* pour déterminer les directions des rayons obliques.

Les tiges de repère avec leur barre d'attache, leur douille et leur index.

Le compas repéreur proprement dit, qui n'est autre que celui nous servant pour les localisations en radioscopie.

A ces accessoires se trouve adjointe *une boîte* servant à surélever légèrement la région à radiographier, pour permettre de glisser commodément la plaque radiographique, et d'interchanger les plaques sans déranger le blessé (1).

Enfin, un carton muni d'un croisé de fils métalliques pour faciliter le repérage des plaques lorsqu'on est obligé d'effectuer deux poses successives sous des incidences différentes, et sur deux plaques séparées (1).

Sur les schémas qui vont suivre, on retrouvera facilement chacun de ces accessoires dont l'ensemble constitue le système de repérage complet.

---

(1) Cette boîte et son carton à croisillon n'ont d'utilité que si on veut faire les deux poses successives sur deux plaques séparées. Elle peut d'ailleurs être remplacée par un support qui permet de glisser, en position voulue, la plaque sous les planches du lit.

Examen radioscopique préalable. — Avant d'entre_
prendre la série des opérations nécessitant un repé-

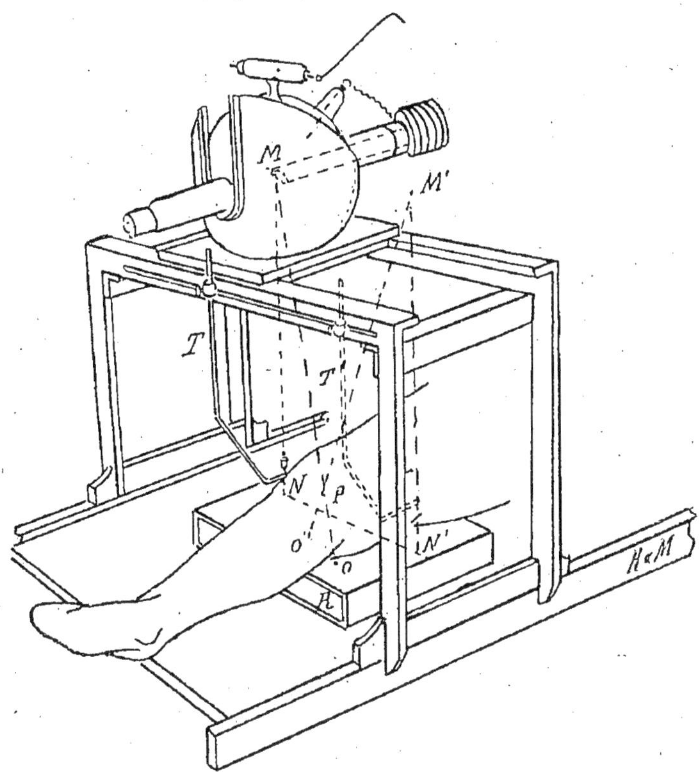

Fig. 134.—Le sujet est exposé sous deux incidences successives.

rage précis de projectiles, la simple logique conseille
évidemment de pratiquer un examen radioscopique
préalable qui décèle approximativement, au moins,
l'emplacement du corps étranger, pour ne pas s'exposer à faire deux poses radiographiques dont l'interprétation serait trop compliquée.

Le lit d'opération se prête particulièrement bien à cet examen, car, le malade étant couché, on peut faire d'abord un examen postéro-antérieur, en disposant l'ampoule en dessous. On amène facilement le rayon normal à peu près dans la direction du projectile; par les déplacements latéraux de l'ampoule et le décalage de l'ombre du projectile qui en résulte, il sera possible d'apprécier assez exactement les positions successives qu'il faudra donner à l'ampoule au moment de la radiographie double. La position du porte-ampoule inférieur servira de guide pour poser ensuite, en bonne place, le porte-ampoule sur le lit.

Dans le cas où un examen radioscopique aurait été impuissant à découvrir le projectile supposé, une première plaque radiographique permettra le centrage des appareils.

Prise des clichés. — L'ampoule étant placée en M on introduit dans les rainures pratiquées sous le socle de la cupule, la plaquette de carton ou de fibre qui supporte le fil à plomb (fig. 134).

En déplaçant le porte-ampoule on amène le fil à plomb, représentant le rayon normal, au point qu'on a choisi comme trace de ce rayon.

On a soin de repérer cet emplacement en disposant une tige T coulissant horizontalement le long du support et verticalement dans un écrou fendu, de façon que son extrémité se confonde avec le plomb du fil, et que sa direction soit bien verticale.

On fait une première exposition et dans ces conditions l'extrémité de la tige donne la trace du rayon normal en N, et une ombre du projectile P se fait en O.

On effectue une seconde pose dans les mêmes conditions après avoir déplacé l'ampoule d'une quantité arbitraire.

Cette seconde exposition donne lieu à l'impression nouvelle sur la même plaque de la trace du rayon normal, émanant de M', en N' et une ombre en O' du même projectile P. On retire la plaque qu'on avait préalablement posée sous le malade en la glissant dans la boîte sur laquelle repose l'organe à radiographier.

Recommandation. — Il peut se faire que, pour certaines régions, les deux radiographies successives sur la même plaque donnent lieu à une interprétation difficile des ombres du projectile et des traces du rayon normal; il y a lieu de tenir compte de plusieurs facteurs pour discerner la position à donner à la plaque, et pour savoir s'il n'est pas plus avantageux de faire les deux radiographies successives sur deux plaques différentes.

1° Si le projectile est supposé superficiel par rapport à la face postérieure de la région explorée, on conçoit que pour un écart même considérable entre les deux points M et M' d'émission du rayonnement, l'écart OO' entre les deux ombres du projectile sera peu sensible; ces deux ombres pourront même presque arriver à se superposer, et la détermination de la hauteur du projectile par rapport au plan de la plaque restera fort imprécise.

On peut remédier facilement à cet inconvénient en faisant reposer la plaque, non pas contre le blessé même, mais en éloignant au contraire cette plaque, à l'inverse de ce qu'on recherche lorsqu'on pratique la radiographie courante. Dans ces conditions, il suffira de disposer entre la boîte de plaques et le sujet, une surépaisseur, de telle façon que la plaque soit éloignée de la paroi postérieure du sujet. Les projections obliques du projectile se trouveront alors séparées par un écart plus sensible.

Pour obtenir un cliché double, d'une interprétation facile, il est bon d'exposer environ deux fois plus la première pose que la seconde, comme l'a signalé M. le docteur Dechambre.

Exposition sur deux plaques différentes. — Une autre considération conduira à discerner s'il est préférable de faire les deux poses successives sur la même plaque ou sur deux plaques séparées.

Dans nombre d'examens que nous avons pratiqués, il nous est arrivé de ne plus retrouver les deux images du projectile bien que deux expositions aient été faites.

On peut remédier à cet inconvénient en sous-exposant la première pose et en surexposant la seconde. Mais si la région à explorer n'intéresse qu'un membre relativement étroit, bras, bas de la jambe, etc., la partie de la plaque qui déborde du membre a été totalement impressionnée lors de la première pose; au développement elle apparaît complètement en noir et ne laisse plus apercevoir, lors de la seconde pose, l'ombre nouvelle du projectile produite par cette exposition. Dans ce cas, l'emploi de deux plaques séparées s'impose, et le radiographe doit, par avance, pouvoir le discerner pour coordonner ses opérations successives et éviter ainsi une fausse manœuvre qui le contraindrait à recommencer.

Superposition des deux plaques. — L'emploi de deux plaques entraîne la nécessité de faire un repérage pour pouvoir superposer exactement ces deux plaques et en déduire l'écart OO' des deux ombres successives du projectile.

Deux moyens peuvent être employés. Le plus simple consiste à appliquer sur chaque plaque radiographique, un carton sur lequel on a préalablement fixé deux axes perpendiculaires. Ce carton mesure exactement les dimensions intérieures de la boîte.

Dans ces conditions, et quelle que soit la place occupée par les plaques dans la boîte, il suffira de superposer les ombres de ces axes en croix, pour être certain d'avoir les distances NN' correspondant à l'écart de pose et par conséquent pour mesurer exactement l'écart OO' des ombres du projectile.

L'autre procédé consiste à mesurer le déplacement qu'on a imprimé à l'ampoule, et à placer les deux ombres des tiges, correspondant aux traces successives du rayon normal, à l'écartement mesuré.

La précaution de placer par avance le croisé de fils métalliques n'est pas nécessaire dans ce cas.

Enfin, on aurait pu préconiser la précaution de placer successivement les deux plaques en appliquant deux côtés correspondants contre les mêmes parois de la boîte; mais, comme le plus souvent les plaques sont enveloppées, on n'obtient pas une précision suffisante, et l'écart inexactement mesuré de OO' peut donner lieu à de grosses erreurs.

Jusqu'ici le mode opératoire ne présente rien de particulier sur les méthodes généralement employées qui reposent toutes sur la prise de deux clichés sous des incidences différentes.

Interprétation du cliché. — **Ayant** obtenu par l'un des procédés sus-indiqués les positions relatives des points *NN'*, *OO'* : il s'agit maintenant d'utiliser ces ombres à la recherche de la hauteur relative du projectile par rapport au plan de la plaque. Certains auteurs se contentent de cette indication fournie par le radiographe; à notre sens elle est tout à fait insuffisante pour le chirurgien. Et c'est là, croyons-nous, qu'intervient la particularité de la méthode que nous employons et que nous préconisons.

Recherche de la position du projectile. — **Sans** que le blessé soit déplacé, et après avoir eu soin de repérer la position que le porte-ampoule occupait sur les côtés du lit, on porte sur une table quelconque ou mieux sur une partie inoccupée du lit d'opération, ce porte-ampoule, après avoir retiré l'ampoule et la cupule dont on n'a plus besoin, pour les manipulations qui vont suivre (fig. 135).

On place la plaque à la hauteur qu'elle occupait dans ses expositions successives ; pratiquement, il suffit de la poser à plat sur la table, et on introduit sur les extrémités des tiges repères *T* les potences dont les anneaux se placent exactement aux points *M* et *M'* où se trouvait successivement le centre d'émission des rayons X.

Au moyen de fils à plomb tombant des points *M*

et M', on règle la position de la plaque de façon qu'elle occupe la place qu'elle avait sous le blessé, ce qui est facile en orientant cette plaque jusqu'à ce que les traces des fils à plomb tombent sur les ombres des

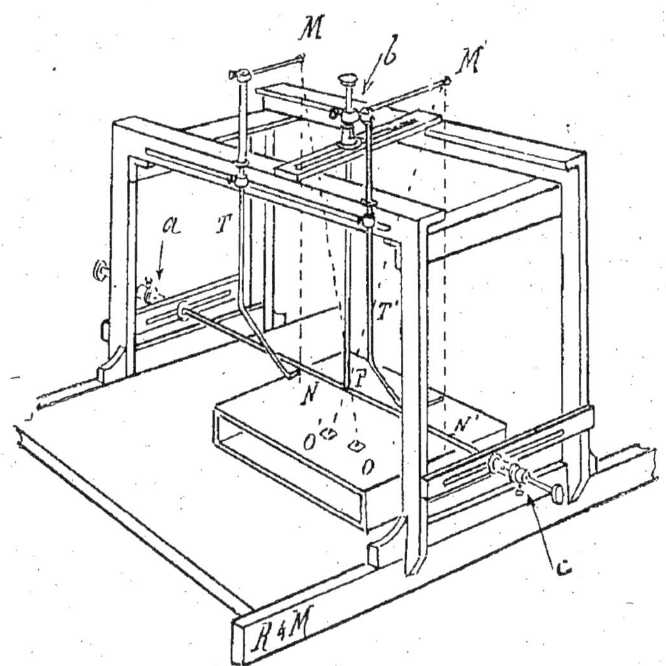

Fig. 135. — Recherche de la position du projectile dans l'espace.

extrémités des tiges repères. Quant aux extrémités libres des fils, on les arrête au moyen de poids, aux points où les ombres du projectile sont apparues.

Le point de croisement de ces fils représente la place du projectile.

Pour en fixer la position dans l'espace, par rapport à des coordonnées bien définies, on amène les extrémités de trois tiges a, b, c, perpendiculaires aux trois faces du porte-ampoule au contact avec le point P.

On a soin également d'amener les index C coulissant sur chaque tige, contre leur douille respective. Ces

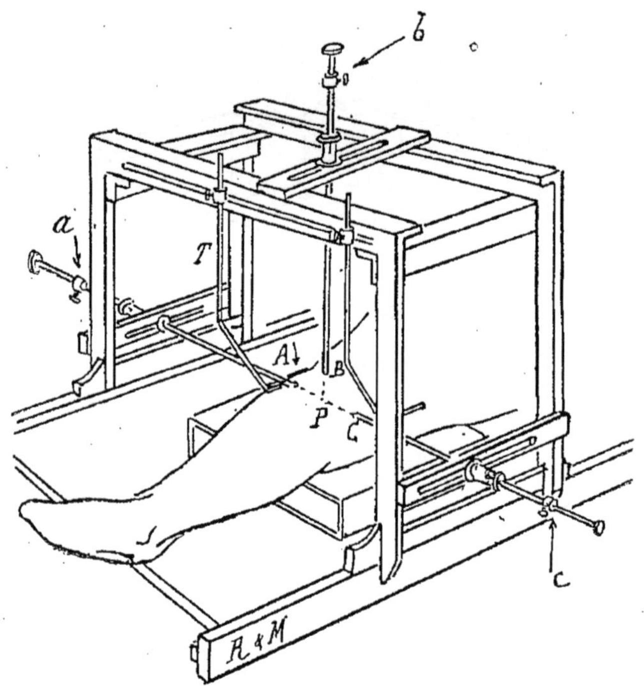

Fig. 136. — Le support est à nouveau placé sur la région en examen.

trois tiges constituent un plan dans lequel se trouve le projectile. On retire les fils qui n'ont plus d'utilité, on écarte les trois tiges sans déplacer les index, pour permettre de poser à nouveau le support d'ampoule au-dessus de la région radiographiée et à l'endroit qu'il occupait primitivement, comme le montre la figure 136.

Tracé des repères sur la peau. — On rapproche les trois tiges *a, b, c,* au contact avec la peau, et l'on détermine ainsi trois points de repère qu'on trace avec un crayon dermographique.

Ces trois points définissent un plan dans lequel se trouve le projectile, et les trois distances relatives de chaque index aux douilles des tiges, correspondent aux profondeurs du projectile par rapport à ces trois points.

Utilisation du compas « Massiot ». — Les indications fournies par les positions relatives des trois tiges peuvent être suffisantes, mais immobiliseraient le matériel radiographique jusqu'au moment où le chirurgien serait appelé à intervenir. C'est là que se manifeste l'utilité du compas que nous avons imaginé et qui complète le matériel en en simplifiant l'emploi à tout moment de l'opération.

Ce compas n'est autre d'ailleurs que celui décrit page 295, et que nous utilisons en localisation radioscopique. Son réglage est en tous points semblable ; cependant pour laisser entre les mains du chirurgien un document qui lui permette de faire un réglage facile, nous préconisons la méthode suivante.

Relevé des coordonnées sur un schéma. — Sur une feuille de papier carrée dont la dimension est telle que le compas s'inscrive dans ce carré, on trace deux axes perpendiculaires.

Pratiquement, il a suffi de plier en deux la feuille de papier dans le sens vertical, puis dans le sens horizontal, et de l'étaler à nouveau.

Suivant l'axe horizontal, on porte de chaque côté du
centre une première longueur *AP*, égale à l'écart
entre l'index et la douille de la tige correspondante
placée sur le porte-ampoule, puis une longueur *PC*
égale à l'écart d'index de la tige opposée. Suivant l'axe
vertical enfin, on porte une longueur analogue *PB*.

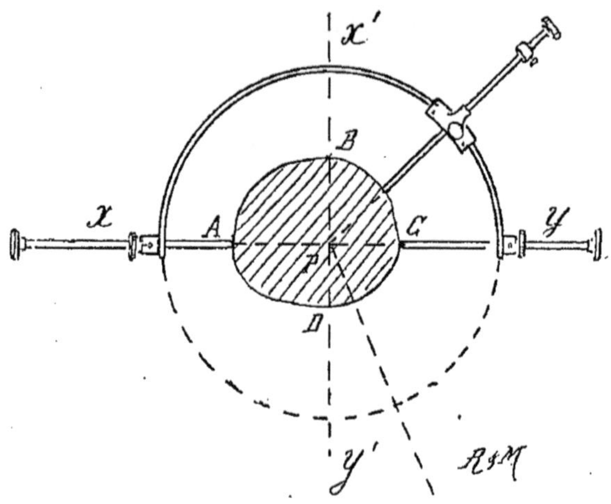

Fig. 137. — Réglage du compas.

Grâce à cette feuille de papier établie après chaque
localisation pour chaque blessé, aux trois repères
tracés sur la peau, le chirurgien possède tous les éléments qui lui permettront de régler lui-même le
compas, au moment de l'opération, et d'avoir la position du projectile en direction et en profondeur pour
un point quelconque, latéral, antérieur ou postérieur
du champ opératoire.

Pour effectuer ce réglage, on pose le compas de
façon que le diamètre du demi-cercle coïncide avec
l'axe horizontal tracé sur le papier, puis, on fait cou-

lisser chacune des tiges de façon que les extrémités coïncident respectivement avec les points A et C.

La direction donnée par construction à la tige mobile qui court le long du demi-cercle est telle que son extrémité se confond avec le centre de ce dernier.

Dans ces conditions, le projectile même correspond au centre d'une sphère engendrée par la rotation du demi-cercle autour de l'axe $x\ y$, et le style mobile qui en est un des rayons donne pour toute inclinaison la direction et la profondeur du projectile.

Le report du compas sur le blessé se fait comme il a été dit page 297.

Stéréoscopie. — Nous ne pourrions clore ce chapitre de la localisation sans dire quelques mots de la stéréoscopie. Il est d'ailleurs extrêmement simple de la pratiquer lorsqu'on fait usage du lit d'opération Massiot muni de son support d'ampoule permettant les déplacements précis du point de vue.

Certes la radiostéréoscopie ne fournit pas les indications précises d'un repérage, elle permettra cependant de se rendre un compte suffisant, dans nombre de cas, de la situation relative d'un projectile par rapport aux os, ou de discerner si ce projectile se trouve en avant ou en arrière de repères naturels tels que les drains insérés dans une plaie.

Une étude très approfondie de la stéréoradiographie a été faite par M. le docteur Marie, de Toulouse, et nous ne pourrions mieux faire que de renvoyer à ses communications les expérimentateurs qui désireraient tirer tout le parti possible de cette méthode qui fournit des images si saisissantes de vérité.

Disons seulement pour nous cantonner dans la pratique pure et simple du procédé, que l'écart des deux positions successives du tube, pour obtenir les deux images qui, au stéréoscope, donneront l'illusion du relief, n'est pas égal dans tous les cas à l'écart des yeux généralement admis de 6 centimètres et demi. Il y a lieu de tenir compte non seulement de l'épaisseur de la région radiographiée, mais aussi de la distance entre l'anticathode et la partie la plus rapprochée de cette région.

M. le docteur Marie a dressé un tableau de cet écart qu'il convenait de donner en fonction de la distance du sujet au tube et de l'épaisseur de ce sujet. Nous le reproduisons page 325.

Dans ce tableau, E représente l'épaisseur de la région radiographiée, D la distance du foyer du tube à la paroi la plus rapprochée de la région.

De ces deux mesures, on déduit la distance δ du déplacement qu'on devra imprimer au tube.

L'examen de ce tableau montre que pour un déplacement de foyer de 6 centimètres environ correspondant à l'écart des yeux le plus courant, la distance opératoire croît très rapidement suivant l'épaisseur du sujet à radiographier.

Par exemple, s'il s'agit d'une main dont l'épaisseur moyenne est supérieure à 2 centimètres, il faudrait que le tube soit placé à 25 centimètres au-dessus, c'est-à-dire à peu près à la distance courante de vision distincte.

Pour un bras, dont l'épaisseur peut être de 6 à 7 centimètres, le tube devrait être à 40 centimètres.

Pour une cuisse dont l'épaisseur peut atteindre 12 à

15 centimètres, la distance devait atteindre 60 centimètres.

Or, les distances opératoires ne peuvent être exagé-
rées au delà d'une certaine limite. Si donc, on est tenu
à conserver une distance fixe du foyer à la plaque, il
faudra imprimer au tube un déplacement (1) d'autant
moins grand que la région à radiographier sera plus
épaisse, au risque d'obtenir des images qui devien-
draient d'une interprétation impossible, et pour les
quelles l'accommodation ne pourrait se faire en les
examinant au stéréoscope.

Les images radiostéréoscopiques ainsi obtenues sont
examinées à l'aide d'un stéréoscope d'un modèle spécial permettant de regarder de grandes images.

Dans un laboratoire, et si l'outillage le permet, on
peut faire des réductions des clichés mêmes, au format courant des vues stéréoscopiques, c'est-à-dire 8 1/2
× 17, et utiliser un stéréoscope ordinaire, c'est un
procédé assez pratique mais qui entraîne à des manipulations photographiques un peu difficiles; de plus,
en raison de la réduction, des détails importants peuvent échapper à un examen minutieux.

De nombreux modèles ont été créés pour l'examen
direct des grandes épreuves, ce sont pour la plupart
des rénovations d'appareils anciens déjà connus.

Le stéréoscope de Caze semble avoir toutes les
faveurs, justifiées d'ailleurs par la commodité avec
laquelle les glaces mobiles facilitent l'accommodation.

---

(1) Cette relation se trouve exprimée par la formule

$$\delta = \frac{D\,(D + E)}{50\,E}.$$

Tableau indiquant les déplacements δ à donner à l'ampoule pour la prise de deux radiographies successives en fonction de la distance D et de l'épaisseur E du sujet.

E	D								
	10	15	20	25	30	35	40	50	60
	δ	δ	δ	δ	δ	δ	δ	δ	δ
1	2.2	4.8							
2	1.2	2.5	4.4	6.7					
3	0.8	1.8	3.0	4.0	6.6				
4		1.4	2.4	3.6	5.4	6.8			
5		1.2	2.0	3.0	4.2	5.6			
6		1.0	1.7	2.6	3.6	4.7	6.1		
7			1.5	2.1	3.2	4.2	5.3		
8			1.4	2.0	2.8	3.7	4.1		
9			1.3	1.9	2.6	3.4	4.3	6.5	
10			1.2	1.8	2.4	3.1	4.0	6.0	
11			1.1	1.7	2.2	2.9	3.7	5.5	
12			1.0	1.6	2.1	2.7	3.4	5.1	
13			1.0	1.5	2.0	2.5	3.2	4.8	6.7
14			0.9	1.4	1.9	2.4	3.0	4.5	6.3
15				1.3	1.8	2.3	2.9	4.3	6.0
16					1.7	2.2	2.8	4.1	5.7
17					1.6	2.1	2.7	3.9	5.4
18					1.6	2.0	2.6	3.7	5.2
19					1.5	1.9	2.5	3.6	4.9
20					1.5	1.9	2.4	3.5	4.6
21					1.4	1.9	2.3	3.4	4.6
22					1.4	1.8	2.2	3.3	4.4
23					1.4	1.8	2.2	3.2	4.3
24					1.3	1.7	2.1	3.1	4.2
25					1.3	1.7	2.1	3.0	4.0
26					1.3	1.6	2.0	2.9	3.9
27					1.3	1.6	2.0	2.8	3.8
28					1.2	1.6	1.9	2.8	3.6
29					1.2	1.5	1.9	2.7	3.6
30					1.2	1.5	1.9	2.7	3.6

Nous en donnons une figure qui représente l'appareil, disposé pour l'examen des épreuves sur papier :

Fig. 138. — Stéréoscope de Caze.

des variantes de cet appareil permettent aussi l'examen des clichés sur verre, avec l'éclairage diffus réglable venant de dessous.

Nous utilisons le stéréoscope dièdre de Pigeon parce qu'il est plus simple, et qu'au besoin il peut être improvisé avec des couvercles de boîtes de plaques dont on aura découpé le fond, et dont deux côtés forment charnière. Comme le montre la figure 139, un plan bisecteur se dresse au milieu du dièdre formé par les deux côtés qui supportent les images stéréoscopiques.

Une glace placée au centre permet de regarder l'image
de gauche avec l'œil gauche, comme si elle se formait
à droite et la superposition s'effectue sur l'image de
droite regardée directement avec l'autre œil.

Il y a lieu, pour l'examen au stéréoscope Pigeon, de
tenir compte que les deux images doivent être inversées. Lorsqu'on examine des clichés, la chose est très
simple ; il suffit, soit de retourner un des deux clichés

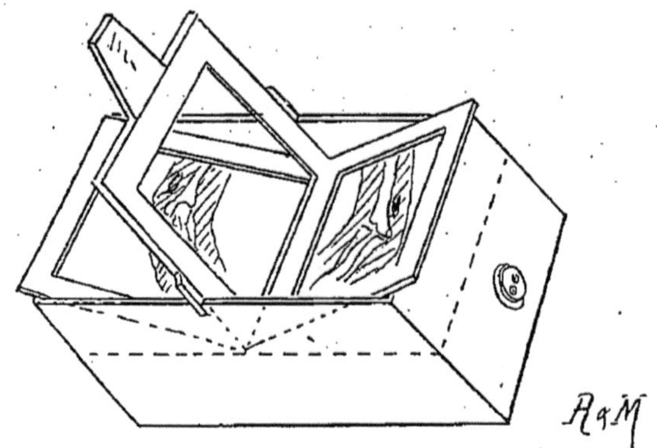

FIG. 139. — Négatoscope servant aussi de stéréoscope.

si les épreuves ont été faites toutes deux gélatine en
dessus, ou d'avoir la précaution, au moment où on
fait les deux poses, de mettre une des plaques, la gélatine dessus et la seconde, le verre dessous.

Sans chercher à apporter au type primitif du stéréoscope Pigeon des complications inutiles, nous mentionnons le modèle que nous utilisions dans nos randonnées.

Une boîte en bois servant pour l'emballage et le
transport de nos tubes a été complétée par l'adaptation

au fond de quatre douilles de lampes à incandescence reliées électriquement à une prise de courant.

Un peu au-dessus du fond, des tasseaux placés contre les côtés reçoivent deux feuilles de verre dépoli sur lesquelles on peut poser les clichés à examiner.

Sans augmenter son matériel on possède donc un excellent négatoscope, qui peut également servir comme stéréoscope, en juxtaposant des cadres à charnières qui constituent le stéréoscope Pigeon.

La crainte de s'encombrer et la nécessité de tirer parti de tout ce qu'on a sous la main, rend quelquefois ingénieux. Nous pensons que bien des opérateurs pourront s'offrir à peu de frais cet appareil indispensable soit pour examiner les clichés simples, soit pour faire de la stéréo-radiographie.

Bien souvent l'absence d'un stéréoscope peu encombrant et pratique a fait hésiter les radiologistes malgré le désir qu'ils auraient eu à tirer parti de tous les avantages de la vision en relief.

A propos de la stéréoscopie, nous avons dit au début de ce paragraphe, que cette méthode ne fournissait que des indications relatives de profondeur de projectiles par rapport à des organes anatomiques dont la position est connue (un os par exemple). Or, il y a lieu de tenir le plus grand compte de la position relative des images stéréoscopiques lorsqu'elles ont été prises, puis placée dans le stéréoscope. En effet, au lieu d'avoir le relief réel, et de constater par exemple la présence d'un corps étranger en avant d'un certain os, on aurait l'effet pseudoscopique, c'est-à-dire le relief inverse et on verrait au contraire ce même projectile en arrière du même os, ce qui pourrait donner lieu aux erreurs les plus graves.

Cette propriété a été mise à profit par M. l'abbé Tauleigne pour donner une mesure de profondeur en déplaçant un réseau de lignes verticales parallèlement au plan de son couple stéréoscopique. Dans le cas particulier de cette application, les deux clichés stéréoscopiques sont sur le même plan, et le miroir qui s'élève perpendiculairement entre ces deux clichés est argenté sur ses deux faces.

On conçoit donc que, si on regarde les deux épreuves, les yeux dirigés vers l'image de droite, et par conséquent, l'œil droit, voyant l'image de droite directement, et l'œil gauche, voyant l'image de gauche renversée sur l'image droite, ou les yeux dirigés vers l'image de gauche, et par conséquent dans des conditions inverses, l'observateur aura l'effet stéréoscopique réel ou l'effet inverse.

Des lignes se déplaçant parallèlement au plan des clichés, sembleront donc ou venir vers l'observateur, ou s'en éloigner. En établissant une échelle de déplacements proportionnels aux profondeurs, on conçoit qu'il sera possible de tirer une déduction de la position du projectile.

On n'obtient malheureusement pas la matérialisation nécessaire au chirurgien par ces méthodes stéréoscopiques quelles qu'elles soient ; elles ne peuvent en effet lui laisser qu'une impression fugitive, quoiqu'intéressante.

CHAPITRE VII

PROCÉDÉS DE RECHERCHE DES PROJECTILES AUTRES QUE LA RADIOGRAPHIE ET LA RADIOSCOPIE

Les différents procédés, autres que les procédés radiologiques, que l'on a proposés pour la recherche des projectiles, ne peuvent avoir la prétention de se substituer à l'emploi des rayons X, pas plus qu'un aveugle ne pourrait avoir l'illusion de remplacer sa vue par le secours du toucher ou de l'ouïe.

Néanmoins, ils peuvent rendre de grands services dans un nombre considérable de cas.

Ces services peuvent être de deux sortes :

1° Soit permettre de rechercher un projectile dans un cas urgent en l'absence de matériel radiologique ;

2° Soit guider le chirurgien au cours de l'extraction du projectile dont la situation lui est indiquée par la radiographie ou un calque radioscopique.

Les divers procédés proposés peuvent se classer en trois catégories suivant le principe des appareils qu'ils emploient :

1° *Appareils-sondes de contact,* fermant un circuit

électrique qui actionne une sonnerie ou un téléphone lorsque leur extrémité vient *en contact immédiat* avec le projectile métallique;

2° *Appareils magnétiques* décelant la *présence à courte distance* d'un projectile magnétique par la perturbation que crée ce projectile dans un champ magnétique symétrique, perturbation d'où résulte un courant induit dans un circuit téléphonique convenablement disposé;

3° *Électro-vibreurs*, décelant également à distance la présence d'un projectile magnétique ou non magnétique, par le mouvement vibratoire que prend ce projectile dans un champ magnétique à variations périodiques rapides, mouvement qui se transmet aux tissus voisins et même à la peau où il peut être encore sensible au doigt.

I. — **Appareils-sondes de contact.** — Ces appareils peuvent rendre des services au chirurgien pour explorer un trajet naturel ou artificiel, et particulièrement pour se rendre compte de la nature d'un corps dur qu'il peut rencontrer en explorant une cavité. Malheureusement ils risquent de ne donner aucune indication si le projectile n'est pas parfaitement à nu, ou est protégé par une esquille osseuse.

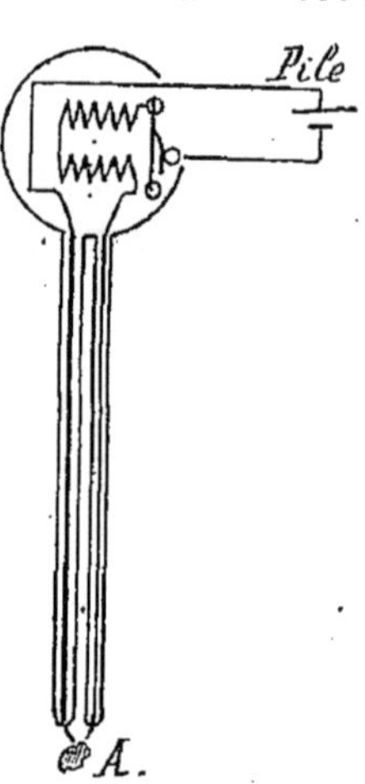

Fig. 140.
Explorateur Trouvé.

Le plus ancien de tous ces appareils est l'explorateur-extracteur Trouvé (fig. 140), constitué par 2 aiguilles d'acier séparées par une tige isolante, et reliées à un circuit contenant une pile et un petit électro-aimant logé dans une gaine qui sert de tête au porte-aiguilles.

Lorsque les pointes des aiguilles viennent *toutes deux* toucher le projectile, le circuit est fermé en *A* et l'électro attire une lame qui vibre comme le battant d'une sonnerie électrique.

Le docteur Guilloz, de Nancy, a modifié cet appareil (fig. 141) en remplaçant les deux aiguilles d'acier par un trocart ou un tube de seringue à injection hypodermique à l'intérieur duquel se trouve une aiguille isolée électriquement, et poussée par un ressort de façon que son extrémité sorte légèrement du tube.

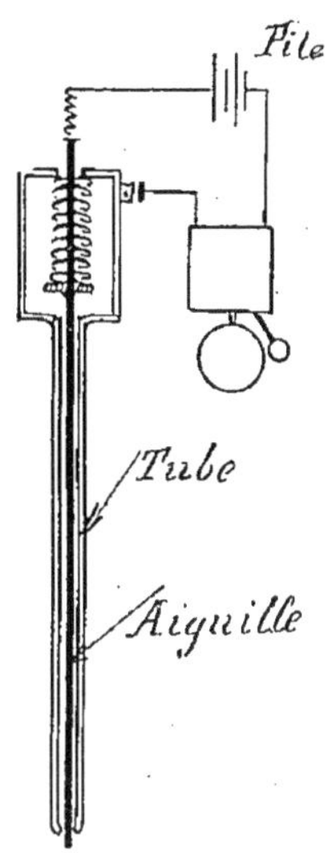

Fig. 141. — Sonde du docteur Guilloz.

Lorsque l'aiguille centrale touche le projectile elle s'enfonce dans le tube dont l'extrémité le touche à son tour. Si le tube et l'aiguille sont reliés aux deux pôles d'une pile par l'intermédiaire d'une sonnerie, le circuit se trouvera fermé par le projectile et la sonnerie fonctionnera.

Le plus simple de tous ces appareils est celui dont Graham Bell a indiqué le principe et que l'on peut reproduire partout avec des moyens de fortune pourvu que l'on dispose d'un récepteur téléphonique.

Dans cet appareil le circuit électrique, au lieu d'être entièrement métallique et interrompu seulement par une coupure que ferme le contact du projectile, est au contraire constitué partiellement par les tissus musculaires du patient.

Supposons que sur un bras représenté ci-contre (fig. 142) en coupe, et contenant un projectile P, on applique une plaque métallique M en contact intime avec la peau et que l'on relie cette plaque à une aiguille métallique A en passant par l'intermédiaire d'un récepteur téléphonique intercalé en série ; on constate

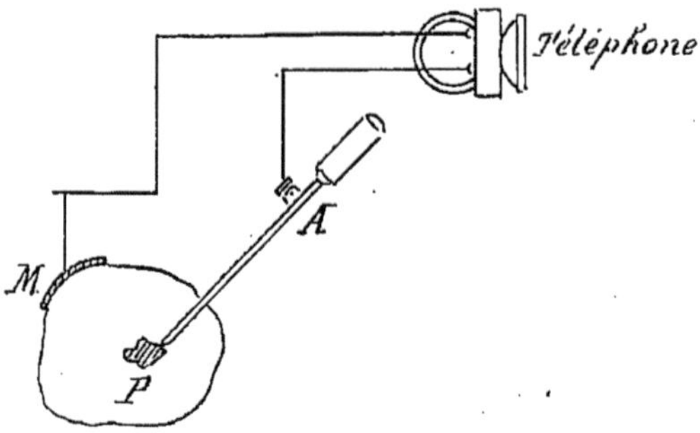

Fig. 142. — Autotéléphone-sonde de Hedley.

avec un tel dispositif que lorsque l'aiguille métallique vient toucher le projectile un bruit très net se produit dans le téléphone.

L'explication du phénomène est simple : l'aiguille A et la lame M forment les deux électrodes d'une pile dont le liquide est constitué par le sang et les liquides musculaires, mais à cause de la faible surface de contact de l'aiguille avec les tissus, la résistance intérieure de cette pile est énorme. Dès que l'aiguille vient toucher le projectile, sa surface de contact avec les tissus où il est encastré vient s'ajouter à la surface de contact de l'aiguille avec les tissus, la résistance intérieure de la pile décroît donc brusquement, le courant qui circule dans le téléphone augmente aussi brusquement, ce qui se traduit par un *crachement* dans le récepteur.

Pratiquement il faut pour avoir un bon contact de la lame métallique avec la surface des tissus, entourer cette lame d'une couche de gaze imprégnée d'eau salée qui établit une liaison humide avec la peau.

Graham Bell employait au lieu de lame une cuiller introduite dans la bouche du patient.

En substituant au récepteur un casque téléphonique de Hedley on obtient un appareil qui laisse au chirurgien la liberté complète de ses mouvements. La sonde peut d'ailleurs être constituée par le bistouri même.

On a remarqué en outre qu'en intercalant en série dans le circuit une pile même faible (pile usagée de lampe de poche, par exemple), la sensibilité du dispositif est notablement augmentée.

II. — Appareils magnétiques agissant à distance. — Il existe un certain nombre de types d'appareils magnétiques, tels que ceux de La Baume-Pluvinel, Le Roland et Carpentier, François, Chaudier, Chilonesky, etc.

Nous avons vu plus haut que le principe commun de tous ces appareils réside dans la perturbation créée par le projectile dans un champ magnétique symétrique, et l'utilisation dans un téléphone du courant induit qui en résulte (fig. 143).

Supposons en effet que l'on ait réalisé deux appareils d'induction absolument identiques, comprenant chacun un solénoïde inducteur et un solénoïde induit, soit A A' les solénoïdes inducteurs, et B B' les solénoïdes induits. Faisons passer dans les deux inducteurs que nous réunirons en série un courant interrompu périodiquement par un trembleur de bobine ou de sonnerie par exemple. Dans chacun des deux induits naîtront, au même instant, des forces électromotrices égales et de même sens. Par conséquent, si l'on réunit les extrémités correspondantes e et e' d'une part, f et f' d'autre part, aucun courant ne circulera entre e et e' ni entre f et f' puisque e et e' seront toujours au même potentiel, de même que f et f'. Les deux circuits induits se compensent donc exactement.

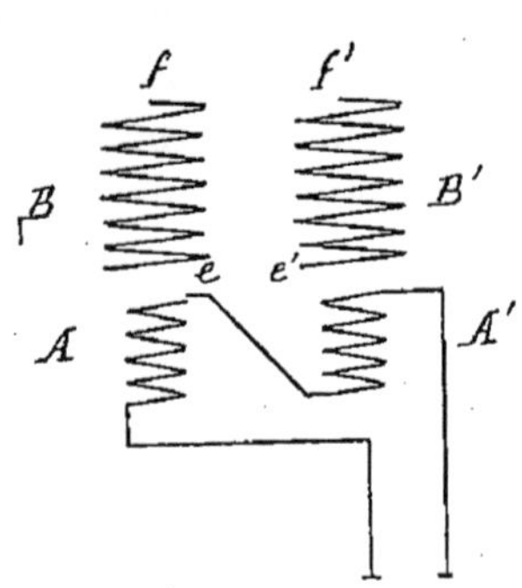

Fig. 143.
Principe des appareils
magnétiques.

Mais supposons maintenant qu'un corps magnétique se trouve dans le voisinage de l'axe de l'un des circuits. On sait que l'induction de 2 solénoïdes est considérablement renforcée par l'introduction d'un noyau magnétique dans leur axe commun.

Un corps magnétique placé dans le voisinage de l'axe ou du prolongement de l'axe, mais pas trop éloigné, produira lui aussi un renforcement dans les effets d'induction. L'équilibre des forces électromotrices induites sera rompu, et à chaque rupture ou établissement du courant induit un courant circulera de f à f'

et de e à e'. Si l'on intercale entre f et f' ou entre e et e' un téléphone de résistance appropriée, on entendra donc un crachement à chaque vibration du trembleur.

Cet appareil, dont le principe a été indiqué par Hughes a été utilisé il y a fort longtemps par Graham Bell.

Presque tous les chercheurs magnétiques de projectiles sont des variantes de ce dispositif. Nous citerons plus particulièrement celui de La Baume-Pluvinel qui paraît le plus employé.

Appareil La Baume-Pluvinel. — Dans l'appareil La Baume-Pluvinel, les deux appareils d'induction ne sont pas identiques mais sont établis néanmoins de manière à donner en l'absence de corps magnétiques des forces électromotrices induites égales. L'un des appareils d'induction est fixe et relativemeut volumineux, l'autre est extrêmement petit (15 millimètres de diamètre et 3 millimètres d'épaisseur) et peut être assujetti à l'extrémité du doigt du chirurgien de manière à constituer la partie exploratrice. La bobine est constituée par 2 enroulements parallèles comprenant chacun 130 tours de fil de cuivre émaillé de 1/10 de millimètre de diamètre. Le chirurgien la place à l'extrémité du doigt, de préférence sur la pulpe du médius, et la maintient en place à l'aide d'un doigtier en caoutchouc stérilisé. Le doigt ainsi armé est introduit dans la plaie, et on le fait tourner pour explorer en tous sens jusqu'à ce que l'on entende au téléphone un son maximum. A ce moment l'axe de la bobine est orienté vers le projectile.

L'appareil décèle à une distance de 15 millimètres

un fragment de fer de 0 gr. 20. La présence d'une
balle de cuivre ou de plomb est reconnue à la même
distance, mais de très petits fragments de cuivre de
plomb ou de tout autre métal non magnétique ne peuvent pas être décelés par l'appareil.

SONDE EXPLORATRICE LE ROLAND ET CARPENTIER.
— L'appareil Le Roland et Carpentier repose sur un
principe de construc-
tion un peu différent.
Comme le montrent
les schémas, la sonde
exploratrice se com-
pose essentiellement
d'un inducteur dans
lequel circule le cou-
rant d'une pile, inter-
rompu par un vibreur
(fig. 144).

A l'extrémité de
l'inducteur de cette
sonde, un enroule-
ment secondaire est
placé, en bout de l'in-
ducteur, et de telle
façon que les spires
soient symétrique-

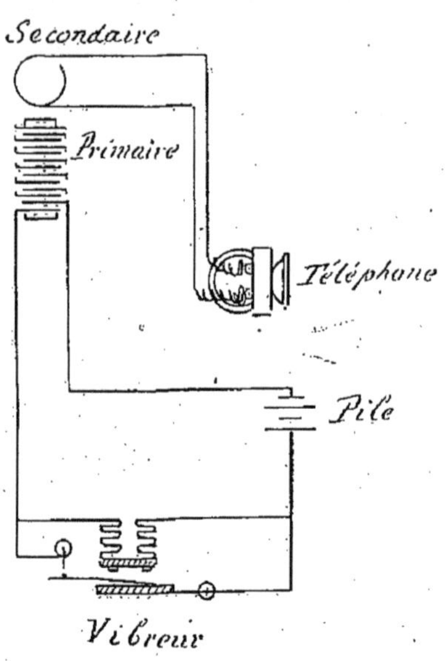

FIG. 144. — Schéma de montage de
la sonde Le Roland et Carpentier.

ment placées dans le flux magnétique créé par le courant primaire. Théoriquement, lorsque le système
est bien équilibré, l'écouteur téléphonique branché
sur le secondaire doit être silencieux.

Qu'un déséquilibrage du champ magnétique se produise par le voisinage d'un corps métallique, les lignes de forces s'infléchiront, couperont les spires du secondaire, et le téléphone se mettra à vibrer.

Cet appareil est d'une extrême sensibilité, il est malheureusement d'une réalisation assez difficile.

III. — Électro-vibreurs. — Les électro-vibreurs sont constitués en principe par des électro-aimants puissants dans lesquels circule du courant alternatif ou du courant continu, interrompu par un interrupteur de bobine par exemple.

Leur rôle ne doit pas être confondu avec celui des électro-aimants qui servent à l'extraction des petits éclats métalliques de l'œil. Les électro-vibreurs ont simplement pour but de donner par une sensation vibratoire au toucher une notion de l'existence, de la position et même de la profondeur d'un projectile.

Supposons en effet que l'on amène un électro-aimant au voisinage d'un projectile magnétique sous-cutané ou même intra-musculaire, de façon à ce que le projectile se trouve à peu près dans le prolongement de l'axe du noyau. A chaque maximum d'intensité du courant excitateur, le projectile subira une attraction maximum vers le noyau, et tendra à s'en rapprocher en entraînant avec lui tous les tissus environnants qui le tiennent encastré. A chaque rupture ou passage à zéro du courant excitateur, cette attraction cessera, et le projectile reviendra à sa position primitive avec les tissus qui l'entourent.

On conçoit donc que si l'on fait passer dans la bobine un courant alternatif à 42 périodes, c'est-à-dire du courant qui en une seconde passe 84 fois par un maximum d'intensité, et 84 fois par une valeur nulle, le projectile sera 84 fois par seconde attiré et relâché.

Il résulte de cette série d'attractions répétées, une véritable vibration des tissus environnants qui se transmet jusqu'à la peau où elle est sensible au doigt, et d'autant plus facilement que le projectile est moins profond et que l'électro est plus puissant.

L'expérience a montré que non seulement les projectiles magnétiques mais aussi les projectiles non magnétiques (balles en cuivre, shrapnells en plomb) donnent lieu à une vibration. Elle est cependant beaucoup moins intense dans le second cas. L'action du flux de l'électro-vibreur sur les projectiles non magnétiques s'explique par la formation de courants électriques induits dans la masse même du projectile par le champ magnétique, et l'action de ce champ sur ces courants se traduit finalement par une attraction.

Le premier et plus répandu des électro-vibreurs est celui du professeur Bergonié, de Bordeaux.

L'électro-aimant est suspendu à une potence par l'intermédiaire d'un câble muni d'un contrepoids. La potence fixée à un mur peut tourner autour d'un axe vertical, de sorte que l'électro peut être amené en tout point et à tout niveau convenables. Avant l'usage l'électrovibreur doit être enveloppé d'une serviette stérilisée.

Pour rechercher un projectile on place le blessé sur un lit d'opération, et autant que possible de manière à ce que la région soupçonnée de contenir le projectile soit facilement accessible. On approche l'électro-vibreur de manière à ce que son axe soit perpendiculaire à la région explorée. L'électro-vibreur doit être suffisamment écarté du blessé pour que l'opérateur puisse, en interposant deux doigts qu'il applique sur la peau, dans le prolongement du noyau, reconnaître l'existence des vibrations. Il va sans dire que l'on doit au préalable retirer du voisinage de la partie explorée tout objet métallique, pinces, épingle, etc., et que l'électro ne doit toucher ni le blessé ni les doigts de l'opérateur. On explore ainsi toute la région suspecte en cherchant le point où la vibration est maximum. L'opération est alors dirigée vers ce point, et l'on peut continuer à se servir de l'électro-vibreur pour guider le chirurgien au cours de l'extraction.

L'inconvénient actuel de l'électro-vibreur est d'exiger un courant d'au moins 80 ampères sous 110 volts, si l'on veut obtenir des résultats sensibles avec des projectiles profonds. L'énergie consommée est faible à cause de la forte self-induction de la bobine, mais il n'en subsiste pas moins la nécessité d'une distribution et d'une canalisation que l'on n'obtient dans une installation courante d'hôpital qu'avec difficulté.

Le professeur Bergonié a supprimé récemment cet inconvénient en ajoutant au circuit de l'électro-vibreur un condensateur de forte capacité qui permet de réduire l'intensité du courant alternatif nécessaire à 10 ou 15 ampères.

Il faut observer cependant que les condensateurs nécessaires pour réaliser le nouveau dispositif de Bergonié sont actuellement très volumineux.

On peut également, grâce à un nouveau dispositif, employer du courant continu, interrompu par un interrupteur de bobine ordinaire, qui fonctionne normalement sous cette intensité.

Un autre électro-vibreur dû à Picquet et Égal, tout à fait analogue à celui de Bergonié, a l'avantage, disent ses auteurs, de fonctionner sans condensateur sous 15 ampères et 110 volts.

Il a par contre un champ d'action moins étendu que l'appareil Bergonié, ce qui rend moins rapide l'exploration.

Il se compose d'un noyau de fer doux de 10 centimètres de long autour duquel sont enroulées 200 spires de fil formant une bobine très plate. Le tout est porté par un manche en bois à la façon du fer d'une hache.

Il est indispensable, quel que soit le modèle d'électro-vibreur, de n'y faire passer le courant d'une façon continue que pendant un petit nombre de secondes, sous peine d'avoir un échauffement des fils et du noyau capable d'amener une fusion rapide des isolements, et la mise hors service de l'appareil.

FIN.

TABLE ANALYTIQUE DES MATIÈRES

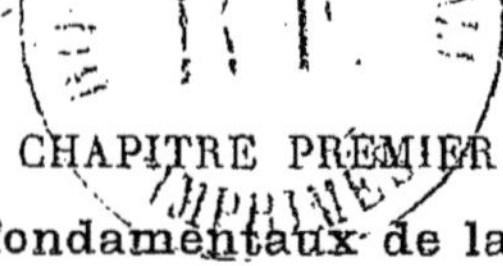

CHAPITRE PREMIER

Principes fondamentaux de la radiologie.

CHAPITRE II

Les sources d'énergie à haute tension.

CHAPITRE III

Les installations radiographiques.

CHAPITRE IV

L'appareillage accessoire.

CHAPITRE V

Les équipages radiologiques.

CHAPITRE VI

La localisation des projectiles.

CHAPITRE VII

**Procédés de recherche des projectiles
autres que la radiographie et la radioscopie.**

INDEX ALPHABÉTIQUE

T

U

V

W